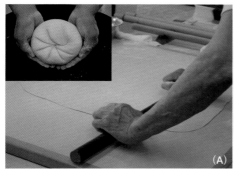

口絵1 そば麺の作製中の様子（日本，韓国，中国）
(A) は朝見（本書著者）の研究の際のそば麺づくり，
小図は菊練り（図4.14，図4.15），(B) は韓国春川市・
朴喆虎教授（江原大学）の友人のそば屋で池田（本書
著者）が試作，(C) は中国陝西省楡林市・柴岩（西
北科学・技術大学）の友人のそば屋にて（図1.7C）.

口絵2 普通種そばの短柱花（図2.1）

口絵3 普通種そばの長柱花（図2.2）

口絵4 ダッタン種そばの花と緑色の実（図2.5）
淡く色づいた小さなダッタン種そばの花がそれぞ
れの茎頂にみられる（A）. ダッタン種そばの花
の下にある茎の上に，淡緑色の三角形をした実が
みられる（B）.

口絵5 スロベニア，マリボル市近郊のそば畑

↑ **口絵7**　ダッタンそばの加工食品（提供：日穀製粉，神門，長命庵）（図5.3）

← **口絵6**　普通そばとダッタンそばの花と実の比較（図5.1）

左：普通そば，右：ダッタンそば，上段：結実初期の写真，中段：拡大，下段：種子．

口絵8　中国の猫耳朶と蕎麦殻（図6.3）

（A）猫耳朶を作製している様子，（B）猫耳朶，（C）蕎麦殻．

↑**口絵 10**　クルミの入った伝統的な普通そば粉パン（図6.6）

←**口絵 9**　川水を利用した伝統的なそば製粉用の石臼（ラングス・ミル）（図6.5）

口絵 11　2つのスロベニアの伝統的なロールパン（図6.7）
それぞれのパンの色の濃い部分はそば粉と小麦粉の混合物に由来し，明るい部分は小麦粉に由来する．

口絵 12　スロベニアのそばヂガンチ（図6.8）オーストリアではシュテルツという．

口絵 13　ヨーロッパ（特にイタリア，スロベニアでポピュラー）の伝統的そばパスタ（図6.10）

口絵 14　フランスのそばパスタ・クロゼット（図6.12）

口絵 15 伝統的ビゼリュスコケーキ（図 6.16）

口絵 16 ダッタンそばからつくりカッテージチーズで充填したパフ・ペイストリー（図 6.18）

口絵 17 スロベニア・ゴレンスカ地方のそば料理クラピー（詰め物：きび穀粒）（図 6.22）

口絵 18 イタリア・テグリオ・ヴァルテリーナ峡谷地方の特産そば料理シアット（図 6.23）

口絵 19 ロシアのそば米（カーシャ）料理（提供：G. スヴォロヴァ）（図 6.26A）

口絵 20 ロシアのそば米（カーシャ）と市販のそばの菓子類（提供：G. スヴォロヴァ）（図 6.27）

食物と健康の科学シリーズ

そばの科学

池田清和
・・・・・・・・・・・・[編]

朝倉書店

執 筆 者

*池田清和	神戸学院大学名誉教授
Ivan Kreft	リュブリャナ大学
本田　裕	農業・食品産業技術総合研究機構
Gunilla Wieslander	ウプサラ大学
Dan Norbäck	ウプサラ大学
朝見祐也	龍谷大学農学部
鈴木達郎	農業・食品産業技術総合研究機構 九州沖縄農業研究センター
笠島真也	東京農業大学生物産業学部

（執筆順，＊は編者）

は じ め に

　そばは，日本のみならず世界各地で広く利用されている国際的な伝統食品である．さて，筆者がそばの研究を始めた1970年代は，そば研究者は，米，小麦，大豆などの主要食品に比して多いとはいえず，研究の余地が大きい領域であった．ところが，国際そば学会の設立（1980年）などもあって徐々に栄養学，医学，育種学，遺伝学など様々な方面からそば研究が活発に行われるようになり，それと共に「そばの魅力」が科学的に明らかになってきた．この度の本書の発刊は，誠に時宜を得たものであると理解される．本書を編集するにあたり，このような「そばの魅力の科学的解析」を読者にいかに伝えるかを編集部と話し合い，下記の構成とすることを決めた．

　食の科学のはじまりは歴史と食文化にあり，そば利用の歴史と食文化を1章に置いた．加工利用の視点から，歴史的にそば利用はどのように発展してきたかを論述し，併せてアジアや欧州などとの利用の比較論についてもかんたんに解説する．

　植物学の観点からいえば，米，小麦など多くの穀類がイネ科であるのに対して，そばはタデ科に属する植物であり，他家受粉，不和合性などの特質を有している．2章ではこのようなそば特有の植物学的特徴を説明する．

　3章の前半ではそば粉の栄養特性を解説し，後半ではそば粉の医学的特徴についてメタアナリシスの結果などについて言及し，さらにアレルギーの現状と将来について説明する．

　美味性という観点では，そば麺には，香りや喉ごしの良さなどの美味性という特徴がある．4章では物心両面にわたるそばの美味性をいかに理解するのかについて述べる．また，そばの三たてまたは四たてを科学的視点から説明する．

　5章では，普通そばと異なるダッタンそばの諸特性（栄養学，医学的特徴）を紹介する．さらに，6章では世界のそば利用について，各国のそば研究者の知見を基に説明し，最終章である7章では未来社会におけるそばの利用と食文化の継承について述べる．

　そばについて，読者に新たな知見を提供できれば幸いである.

　結びにあたり，斯界の第一人者として活躍されている方々をそれぞれのご専門の著者としてお願いし，ご快諾を頂いたことに深謝申し上げる. また，そばがグローバルな食べ物という視点から，スロヴェニアの Ivan Kreft 先生，スウェーデンの Gunilla Wieslander 先生および Dan Norbäck 先生に執筆をお願いし，ご快諾（willing content）を頂戴したことに感謝（acknowledgements）を申し上げる.

　併せて，編集協力者として貴重な資料のご提供を賜った，中国の林汝法先生（山西省農業科学院），韓国の朴喆虎先生（江原・農業生命科学大学），ロシアの Gallina Suvorova 博士（ロシア穀菽類研究所），池田小夜子前神戸学院大学教授（管理栄養士）の 4 名の協力を得たことに深謝申し上げる. 末筆ながら，本書の編集，刊行に多大なるご協力を頂いた朝倉書店に心底から謝意を申し上げる.

　2024 年 4 月

編集者　池 田 清 和

目　　次

1 そば利用の歴史と食文化

❧ **1.1 そばの栽培の起源と歴史** ❧

　私達日本人の多くは,「そば」[1]というと我が国固有の伝統食品であると考えている.「そば屋」と称される店が,全国に広くみられる.大晦日には「年越しそば」を食し,また「引っ越しそば」や,新そばの「振る舞いそば」など良き伝統的な食習慣がある.海外から帰国する際の機内食にはよく「ざるそば」が提供され,人々はこれを食しながら帰国の感慨にふける.筆者が「海外でのそばの利用」について講演をすると,多くの聴衆は「そばは日本古来の食べ物ではないのか」と疑問をもつ.このように,多くの日本人はそばが我が国を代表する伝統食品だと考えている.しかし,食品の名称の一般論からいえば,wasabi などのように外国語でも和名で表現される食品は我が国固有と考えることができるが,そばには英名 buckwheat がある.

　我が国でのそばの年間供給量は約 13 万 9000 t(2019)であり,そのうち国内生産量は約 3.4 万 t(2019)で,北海道,東北,長野,福井,滋賀,熊本など広い地域で栽培されている(農林水産省「農林水産関係市町村別統計」,2019).残り(万 t/年)は,中国(2.5),米国(1.7),ロシア(0.8)などからの輸入に依存している.明治・大正時代にはそばはもっと多く栽培されており,例えば明治 30〜44 年の 15 年間の平均収穫量は約 12 万 4000 t と報告されており,かつては

1　表記について,「蕎麦」の「蕎」は常用漢字表には含まれないので本書では用いなかった.植物名としては「ソバ」と書き,粉やそば切りのような食べ物の名称としては「そば」と区別する記述法があるが,ほとんどの場合文脈からどちらの意味であるかは明確であるので,本書では原則として「そば」で統一した.ただし,片仮名表記の方が適切である場合には「ソバ」とした.

そばが全国で広く栽培されていたことがわかる.

　そばは世界各地で広く利用されている.世界のそばの生産量は約383万 t で,主な生産国（万 t/国）は,ロシア（153）,中国（145）,ウクライナ（18）,フランス（12.7）,カザフスタン（12.0）,米国（7.6）,ブラジル（6.5）,リトアニア（5.3）,日本（3.4）などである（FAO, 2019）.我が国では麺が最も親しまれた加工食品であるが,世界各地では麺のみならず様々な形に加工・調理されている.そばは実に国際的な食品なのである.

　そばは,タデ科（Polygonaceae）ソバ属（*Fagopyrum*）に分類される.我が国には「タデ食う虫も好きずき」という諺があり,タデは苦いものの代表とされてきた.ソバ属に属する植物は多彩だが,代表的なものとしては藍染めに用いるアイ,野草のミゾソバ,イタドリなどがある.食べ物として利用するのはそばだけである.そばに含まれるのは,分類学上,19世紀前半までは,そば（普通そば）,ダッタンそば,シャクチリそば（宿根そば）の3種だけであった.このうち,普通そばとダッタンそばの2つだけが,栽培種として利用されてきたそばである.普通そばは私達が通常食するそばであり,ダッタンそばについては5章に詳細に述べる.宿根そばは野生の多年草であり,種子はえぐみが強く食せないが,若葉を茹でて食べられることから野菜そばともいい,解熱作用や止瀉作用があることが知られている.

　19世紀後半から,3種のそばに加え,欧州の学者がいくつかの新種を発見したが,ソバ種発見の大きな進歩は,大西による野生そばの現地調査によってもたらされ（大西,2001）,ソバ属を系統分析し17種に分類できることが示された.

　そばの栽培起源については,スイスの植物学者ド・カンドルがシベリア・中国北部説（1883）を唱え,この説が長く信じられてきた.ところが,大西は,1976年から約20年かけてそばの集団遺伝学を研究し,1990年にそば野生祖先種（*F. esculentum* subsp. *ancestrale* Ohnishi）を中国雲南省永勝県の金沙江（揚子江の上流）で発見した.この発見を契機に栽培そば集団のアロザイム変異分析,AFLPマーカー分析を通じて,普通そばの栽培起源は,従来の説とは異なり,中国南西部（正確には四川省と雲南省と東チベットとの狭い境界地域）であることが明らかとなった.大西はダッタンそばの野生祖先種の起源についても,アロザイム変異分析,AFLPマーカー分析から,上記東チベットを含む三江地域である

♠ コラム1　そばの民族植物学 ♥

　民族植物学（Ethnobotany）という学問が進展してきている．1つの植物をそれぞれの民族がどのように利用してきたかという学問である．そばに関して，国際そば学会（後述）で書き合うということになり，*"Ethnobotany of Buckwheat"* が2003年に刊行された．後述の林の記述の大部分については，同氏の弟子である張政・王傳花（2003）が記述している．日本の部分は池田清和・池田小夜子によって，Buckwheat in Japan と題して，きつねやたぬきの話から始めて記述され，多くの方々から興味をもって頂いた．　　　　　　　　　　　　　　　　　　〔池田清和〕

表1.1　国際そばシンポジウム（ISB）の開催情報

開催年		開催地	会長
第1回	1980年	ユーゴスラビア（現スロベニア）・リュブリャナ市	I. クレフト教授（リュブリャナ大学）
第2回	1983年	日本・宮崎大学	長友大教授（宮崎大学）
第3回	1986年	ポーランド・プワヴィ市	M. ルツコウスキ博士（土壌科学・植物栽培学研究センター）
第4回	1989年	ソ連（現ロシア）・オリョール市	N. V. フェゼンコ博士（全ソ連穀菽類研究所）
第5回	1992年	中国・山西省太原市	林汝法教授（山西省農業科学院）
第6回	1995年	日本・信州大学	俣野敏子教授（信州大学）
第7回	1998年	カナダ・マニトバ市	C. キャンベル博士（元カナダ農務省）
第8回	2001年	韓国・春川市	C. H. パク教授（江原大学校）
第9回	2004年	チェコ・プラハ市	A. ミカロバ博士（穀物科学研究所）
第10回	2007年	中国・陝西省市	柴岩教授（西北科学技術大学）
第11回	2010年	ロシア・オリョール市	V. ゾチコフ博士（全ロシア穀菽類研究所）
第12回	2013年	スロベニア・ラシュコ市	I. クレフト教授（リュブリャナ大学）
第13回	2016年	韓国・清州市	S. H. ウー教授（清州大学）
第14回	2019年	インド・シロング市	N. クランガー教授（西北大学）
第15回	2023年	ポーランド・プワヴィ市	G. ポドルスカ教授（土壌科学・植物栽培学研究センター）

と推定している[2]．最近のゲノム解析研究から，普通そばおよびダッタンそばの植物としての起源地は，ヒマラヤ山岳地帯であることが解明された（Yasui et al.,

---

2　ところで，小麦の原種を発見したのは木原均（京都大学名誉教授）であり，木原と大西は京都大学農学部の同系列の研究室に所属している．両博士が小麦およびそばの原種を発見したことは，日本人研究者の極めて輝かしい研究業績である．

2016；Zhang et al., 2017；Kreft et al., 2020；Matsui and Yasui, 2020；Penin et al., 2021；Fawcett et al., 2023)．普通そばの栽培起源地は，前述の通り中国雲南省，四川省であり，彝族が栽培起源に関与したと考えられている．そばの植物起源地であるヒマラヤ山岳地帯から栽培起源地へ如何にして移動したかは不明であり，今後の研究の発展が大いに期待される．

　中国そば研究の第一人者の林汝法（元山西省農業科学院教授，第5回 ISB 会長（表1.1））によると，そばは，中国史前に山東省，貴州省，雲南省，四川高原などに原生作物として存在していたという．『史記』（司馬遷編）には，約3500年前にそばが栽培され，食用であったことが述べられている．また，考古学研究は，約5000年前のそばの花粉が内蒙古自治区で発見されていることを報告している．唐代の孫思邈『備急千金要方』（652）では，黄帝（BC 2510〜BC 2448）は「蕎麦麺を豚羊肉と一緒に熱して食べる」と述べている．また，周時代（BC 1046〜BC 256）の『詩経』にそばについての記載があるという．「神農書」（編纂は BC 5世紀と推定）にそばの記述がある（本書は現存しない）．BC 3〜BC 2世紀のものと推定されるそばの炭化種子が西安・考古博物館に保存されている．いずれにしても，かなり古い時代からそばが利用されていたと考えられている．有名な白居易の詩「月明蕎麦花如雪（月明らかにしてそばの花雪の如し）」(812)の詠われた唐の中葉以後には広く栽培・利用されていた．

　中国では，現在もそばが広く栽培・利用されている．山西省や陝西省の黄土高原はそばの栽培の盛んな所である．内蒙古自治区，陝西省，甘粛省，雲南省，寧夏回族自治区，四川省，山西省などは主要な蕎麦栽培地である．特に，麺の技術については，山西省が重要となる（林，私信；周，1988）．

　四川省大涼山地域には少数民族彝族（図1.1）が住んでおり，広くそばを利用している．ところで，一体誰がそばを栽培し，食料としてきたかという疑問は大変興味深い課題である．これに関連して，言語，信仰などの点から，そばの栽培作物化もしくは初期の伝播には彝族が関与したのではないかという推察がされている（大西，2001）．彝族は，普通そばとダッタンそばの違いを区別する絵文字をもっており（図1.2），特にダッタンそばは神にささげる大変貴重な食べ物と考えてきたといわれる．中国では，「ダッタン」という言葉は特殊な意味合いをもつためにふつう用いない（林，私信）で，ダッタンそばが苦い味（苦みはルチ

(A)   (B)

図 1.1 中国四川省に住む彝族

(A), (B) とも彝族の人々. (B) 中の男性は, 阿海氏 (第 1 回ダッタンそば国際会議 (2005) の会長).
四川省西昌市.

図 1.2 彝族の文字

a は普通そば, b はダッタンそば.

ンの分解物ケルセチンに由来する) を有することから苦 蕎 という[3].

　このようなそばが, 中国から朝鮮半島を経て我が国へ伝播したものと考えられ
ている. 一方で, シルクロードなどを介して, サラセン (イスラム) 帝国を経由
して, 欧州やロシアなどへと伝播していったと考えられている. 長友は著書『蕎
麦考』(1976) において, 川島の記述「サラセン人がそばをヨーロッパに伝えた
ものとされるが, 確実なところでは 850 年前, 7 回にわたった遠征をした十字軍
の兵士達が携え帰ってヨーロッパに伝播したのであるとする記録がある」(新島,
1971) を紹介し, したがって 12 世紀の初めということになると推論している.
著名なそば学者ガリナ・スヴォロヴァ (G. Suvorova) は「考古学者クロトフ (N.

3　ダッタンそばの学名は *Fagopyrum tataricum* Gaertner といい, ゲルトネルというドイツの科学者が
　命名した. *tataricum* は韃靼 (ダッタン) を意味し, 『広辞苑 (第六版)』によれば, 韃靼とは①蒙古
　系一部族タタール人の呼称, ②後蒙古民族全体の呼称, ③その他 (略), と解釈が多岐にわたるが,
　筆者の中国での見聞では①の意が主だと思われる.

Krotov）によれば考古学のデータからそばの存在はロシアの南部に 10～12 世紀に認められている．当時のそばの実がスラブ人の入植地から発見されている．そばのことが，15～16 世紀の多くのロシアの農業書に掲載されている」という（スヴォロヴァ，私信）．一方，同じくそば学者フェゼンコ（N. Fesenko）によると「そばのロシアへの伝播にはサラセン人の関与が推察されている」という（フェゼンコ，私信）．6 章で後述するように，ヨーロッパ各国でのそばの名称に，イタリア語 grano saraceno のようにサラセン人のもってきた穀類，スロベニア語 ajda やチェコ語の pohanka（異教徒，つまりサラセン人の意）のように，サラセン人（または異教徒）のもってきた穀物という意味がこもっていることになる．さらに，ロシア語 grechiha のようにギリシャ人，これはギリシャ人がもってきたという意味ではなく，ロシアにとってギリシャは遙か遠方にあり，そのような土地からやってきた穀類という意味をもっているといわれる（クレフト，私信）．このようなそば伝播の諸点は，そばの食文化学の観点から極めて興味深い．

　他方，長友（1976）は，欧州へのそば伝播について次の 2 つの記録を紹介している．(1)「ベッケル（Becker, 1927）の著書中に，ギリシャ，ローマ時代にはそばを認める資料はなく，1396 年の古書が最初である」．また (2)「ブリッチェル氏によればドイツでのそば栽培記録が 1436 年の古書中にもある」．これらの記録から，長友は，そばはドイツには 14～15 世紀にトルコを通って伝わり，16 世紀には欧州各地に伝播したと推察している（長友，1976）．

　クレフトによると，スロベニアのそば栽培の記録は 1426 年の古書に既にみられるという（池田・池田，1994）．そばのガレットやクレープで有名なフランス

図 1.3　「夏，そばの収穫」（ミレー，1874）

では，ルエリウス（Ruellius, 1560）とシャンピエー（Champier, 1530），それぞれの著書の中で「私達の祖父の時代にギリシャ，アジアから渡来したそばをフランスの畑で見た」と記述している（長友，1976）．

　不明な点も多いが，欧州への伝播は 12〜16 世紀頃と推察できる．例えば，アンデルセン童話（1857-1875）やグリム童話（1857），ミレーの絵画「夏，そばの収穫」（図 1.3），ゲーテの『イタリア紀行』（1786）など，そばは庶民が親しむ色々な作品に登場する．『イタリア紀行』では「そばは黒ブレンデと言って，挽き砕いてその粉を茹でてどろどろのお粥にし，そのまま食べるのである」（相良守峯訳）と書かれている．そばが中国から伝播した際，当時のヨーロッパを支配していた家門の 1 つであるハプスブルグ家は，古くからあった他の作物とは異なり，この新しい作物であるそばは税金をかける対象としなかった．いわば免税品となり，またそばは荒れた畑地に育つという特徴もあり，多くの農民は大変喜んで栽培したといわれる（クレフト，私信；池田・池田，1994）．

　ところで，コロンブス（C. Columbus）の新大陸発見によって，新大陸にあった様々な食べ物がヨーロッパに伝播した．そのような中で，トウモロコシは重要な食べ物の 1 つである．トウモロコシが西の新大陸から，そばが東の中国から，ほぼ同じような時期にヨーロッパへ伝播したことになる．その様子が，ゲーテの『イタリア紀行』には「婦人達の褐色がかった蒼白色の顔色が私には感心できなかった．その容貌は生活の窮乏を語っている．（途中省略）私はこの病的状態の原因は，トウモロコシやそばを常食する点に見いだされるように思う」（相良守

(A)	(B)

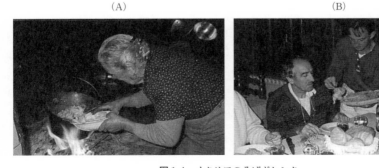

図 1.4　イタリアのそばポレンタ
（A）はそばポレンタの調理中の様子．（B）はイタリアのそば栽培を推進している国立穀物栽培実験研究所のボルギー（Borgii）の皿にポレンタが盛りつがれる様子．

峯訳）と描かれている．さて，この症状は，窮乏のためにトウモロコシだけしか
食べられないような人々に起こるペラグラ（イタリア語で荒れた皮膚の意）とい
う致死性の高い病気によって現れる．米を常食する日本人のような民族には脚気
が，トウモロコシを常食する当時のイタリア人のような民族にはペラグラが起こ
り，栄養学史上重要な二大ビタミン欠乏症であるといえる．そばの摂取は，特に
何の障害も起こさない（そばにはアレルギーがあるが，当該アレルギーの存在が
報告されたのは 20 世後半である（3.4 節））し，後述するように比叡山千日回峰
行での五穀断ちでのそばの役割は重要で，現代的健康増進効果を有している（コ
ラム 4）．イタリアにはポレンタという料理があり，トウモロコシまたはそばを
材料にする 2 種類がある．ポレンタは，穀類粉にチーズとバターを溶かしこんで
つくる，いわば西洋風そばがきのような食べ物である（図 1.4）．トウモロコシ
では，ビタミンのナイアシンが利用しにくい（ナイアシンが多糖に結合している
ため．アルカリで処理すると結合が切れて利用できるようになる）．この欠点が
あるためにペラグラが起こる．トウモロコシをアルカリで処理するトルティーヤ
を食べる中南米の人たちにはペラグラはほとんど起こらない．ヒトの健康と食品
加工というような栄養学の深遠さを感じさせる．

❦　1.2　日本でのそばの歴史と利用　❧

　我が国のそばの栽培に関して，塚田松雄（1966, 1974）は，花粉分析法とよば
れる手法を用いて，縄文早期である約 6600 年前のそば花粉を発見している．塚
田は，焼畑農業の関係か，その後，縄文時代中期である 4500 年前にはそば花粉
がいったん消滅し，さらに森林減少との関係解析から，そば栽培は 5 世紀の中葉
から行われていたと推論している（新島，1985）．その他，縄文時代後期の遺跡
からそば花粉，そば種子，そばを食した痕跡（縄文土器）などが出土している．
そば以外の現在食されている穀類で縄文後期に遺物が残っているものはないとい
われており，貴重な遺物である．
　そばは，播種してから種子が収穫されるまでの期間が短く，また荒れ地にも生
育できる作物としての特性があり，このために古来より救荒作物・備荒作物とし
て利用されてきた．そばに関する最古の記述は『続日本紀』の第 44 代元正天皇
による勧農の詔勅（722）の中にそば栽培奨励に関する記述（「今夏は雨が無く，

稲が実らず，国司をして農家を勧課し，そば及び大小麦を植えしめ，蓄えおき以て救荒に備えるしむべし」の意）がある（長友，1976）．これは，世界的にみても貴重なそば栽培の記録である．また，『続日本後紀』(833) には，第54代仁明天皇もそばを含む勧農の勅詔を出したと記録されている．そばが中国から我が国へいつ頃伝来したかについてはよくわかっているとはいえない．氏原暉男と俣野敏子は，対馬がそば伝播の中継点である可能性が高いと考え，対馬全島を徹底的に調査し，形質解析などを行い，そばが中国大陸から朝鮮半島を経て対馬を経由，九州に入り列島を北上したと推論している（氏原，1978）．大西らも，RAPD 分析を通じて中国北部から朝鮮半島経由で日本に来たことを示している (1996)．また，氏原は，伝播経路は一元的ではなく，朝鮮半島の経路や，またサハリン・沿海州から北日本へ伝播した可能性も示唆している．平安時代に編纂された辞書『倭名類聚抄』(931-938) にみられるように，この時代にはそばは既に広く利用されていたものと推察されている．

　その後のそば栽培に関して，滋賀県に位置する伊吹山の中腹にあったといわれる平護国寺の僧侶達が食料確保のために，稲の生育の困難な山の荒れ地に育つそばを栽培したといわれる．（平安時代後期〜鎌倉時代）．松尾芭蕉の弟子（蕉門十哲の1人）である井伊藩士の森川許六が編集した，『本朝文選』(1706) 中には，「伊吹蕎麦 天下にかくれなければ（広く世間に知られているという意）辛味大根 又此山を極上とさだむ」と記されており，伊吹そばは全国に名品として知れわたり，井伊家から将軍家に献上されていたと記録されている．

❖ 1.3 そばの粉食文化 ❖

　そばを含め，穀物の食べ方の文化は，(1) 穀粒の外皮（穎）を除いた後に搗精をして粒で食する粒食文化（精白米など）と，(2) 外皮を除いた穀粒を製粉した粉を加工して食する粉食文化（そば切り，うどん，パンなど），(3) その他の形の食文化（生物学的加工法でつくるもやしなど，発酵加工法でつくるビールなどの酒類など）の3つに大別される．粉食の形態としては，そば切り，そばがき，そばだんご，そば餅，そば菓子など様々な形で利用されている．一方，粒食の形態としては，徳島県の祖谷地方（そば米）や山形県（むきそば）などの地域で古くから利用されている．さらには，そばそのものを食するのではなく，収穫後，

(A)   (B)

図1.5　そば茎燃焼物の灰からこんにゃくを作製している様子
（A）はできたそば灰（そば灰からこんにゃくができるが，稲灰ではできない）．（B）はできたこ
んにゃく（右）とそば米汁（左）．

乾燥した茎・葉を燃焼させ灰をつくり，この灰を用いてこんにゃくをつくること
が徳島などいくつかの地域で伝統的な技術として伝承されてきた（図1.5）．

　さて，穀物を製粉するには臼が必要となる．エジプトにはサドルカーンとよば
れる小麦製粉用石臼があって，これによって小麦を粉に加工してパンをつくるこ
とが可能となり，これがエジプト文明を支えたといわれる．中国には，紀元前に
碾磑（石臼）があったといわれ，唐代には長安近郊に水車式製粉工場があったと
いわれる．一方，石臼研究の第一人者の三輪は，日本において考古学的発掘と文
献研究によって確かめられる石臼は，鎌倉時代中葉がはじめであると推論してい
る（三輪，1985）．

　そばをどのように加工，調理して食したかについては，大きな関心事である．
宋に渡り，日本に臨済宗を伝えた栄西と，曹洞宗を伝えた道元は，穀物粉をつく
る「挽臼」を我が国に伝えたといわれる．上述の三輪による臼の伝来が鎌倉時代
中葉という推論とよく一致する．他方，公家山科家の諸事を記した『山科家礼記』
（1468）には，「そばかいもち」（今日のそばがきのこと）について書かれており，
また相国寺鹿苑の蔭凉軒主が記した『蔭凉軒日録』（1489）には「蕎麦餅」とい
う記載がある（おそらくそば団子のようなもの）．興福寺（奈良）の塔頭多聞院
の僧英俊の『多聞院日記』（1585）の中には，「ソハカイモチ」（そば掻餅の意）
の記述がある．これらの記述から，後述の麺が登場する以前には，そばはそばが
きや菓子のような形態で食されていたと推論できる．

　栄西や道元と同様に，福岡県にある承天寺に，鎌倉時代に円爾（後の聖一国師）という僧侶が中国の宋（麺の技術ができた時代）で製粉の技術を学び，帰国後（1241）うどんやそば切り（そば麺）を作製したという記録がある．中国の唐時代に，麺条が庶民的な食べ物になってきたといわれる（林，私信）．

　一方，そばの麺の最古の記述は，長野県木曽郡の定勝寺文書（1574）にみられる（岩崎，1985）．同寺の工事後に振る舞いそばとして提供されたという．そばについて残っている記録は，縄文時代のそば花粉，『続日本紀』（722），伊吹山での栽培記録（平安時代後期～鎌倉時代），定勝寺の文書（1574）などがあるが，この後は，主としてそば切りとして利用されたものと考えられる．京都に550年余続く日本最古のそば屋（本家尾張屋）があるが，この店の今昔記録には「そばの菓子屋から始まり，後に禅の修行僧が中国からもたらしたそば切りが契機となり，そば切りを作り出した」とある．徳川家康が江戸に幕府を開き，その際京都，大阪にあった様々な製造業の関係者を江戸につれて行ったといわれ，砂場そば（砂場の意味は大坂城建築にかかわる砂場の意）がそれに当たる．

　そば切りの表記が江戸時代に最初にみられる『料理物語』（1643）には，そば粉をぬるま湯で蒸して仕上げるとある．つまり江戸時代の初期に食べられていたのは蒸しそばである．醤油が普及するのは江戸中期～後期であり，『本朝食鑑』（1697）には，「そばのつけ汁には，垂れ味噌汁，酒，鰹節をとろ火で煮て，塩，たまり醤油で調和して作る」とある．また，「大根汁，花鰹，わさび，ミカンの皮，唐辛子，のり，焼き味噌，梅干などを和して食べる」とある．その後，醤油の方は東下りの「下り醤油」として江戸の中期頃から関東で広く利用されるようになる．江戸時代の初期には，そばは今日のように茹でて食するのではなく，蒸して食する形であった．このような食べ方は，うどんに比べ決して美味ではなかったと推察できる．はじめは，麺とつゆとを別々に食されていたが，次第に併せて食する，つまりぶっかけて食する「ぶっかけそば」となり（後に「かけそば」になる），人々に愛されるそばに変化してきたという．

　江戸っ子は，初物を好んだといわれる．初物を食すると，寿命が延びるといわれた．そばには新そばがあり，初物を好む江戸っ子の気質によく合ったと考えられている．また，そばには「四たて」をいう言い伝え（6章）があるが，中でも「穫りたて」といって秋に収穫された美味なそばが好んで食された．江戸時代の中葉以降にそば屋が多数できてくるが，この現象は新そばを好んで食したことによる

といわれ，そばが江戸の人々に次第に愛される食べ物になっていったことを示す．

　我が国には「年越しそば」を食する伝統的食習慣があり，今日まで続いている．年越しそばの習慣がどのように生まれたかについては①～⑥のような説がある：①上記の承天寺に関係した説で，同寺の住職が困窮のために迎春の支度をできないような人々にそば餅を振る舞ったところ，翌年に人々に幸運が訪れたことに由来し，運そば説とよばれる．その他，②三角形のそばの実は「みかど」，つまり天皇に通じ，天下太平を祈ってそばを食し，また三角形を父，母，子供に見立て家内安全を祈り食するという説，③そばの麺は長いことから長寿祈願に通じるという説，④うどんは切れにくいがそば麺は切れやすい，つまり不幸事をそばは切ってくれるという説，⑤金箔を扱うときにそば粉を用いたことから，そばは縁起の良い食べ物であるという金運の説，⑥本草書『本朝食鑑』にはそばの主治として「気分をおだやかにし，腸を寛げ，能く腸胃の滓かす・積滞を錬す」（島田勇雄訳）と記述されており，このような作用は今日の科学でいう食物繊維の作用と理解できる．このようにそばを食し身体をきれいにして新年を迎えるという説で，栄養学の視点からはもっともらしい説であると考えられる．年越しそばの起源については，上記以外にも諸説がある．

　中国には麺の文化があり，一方イタリアにはパスタの文化がある．麺とパスタは，類似した食べ物と考えられている．はたしてどちらの製法技術が先に発生したのかについては，議論の多い問題である（岡田，1993）．

　中国では，「南米北麺」といわれるように，北部には麺を中心とした食の文化があり，様々な形の麺がみられる．中国語の「麺」（ミェン）という語は本来小麦粉のことを意味し，一方「餅」（ビン）という語は小麦粉からつくられた食べ物（并は併せるの意）の総称として使われてきた．その後小麦食品を長い麺状に加工する技術が生まれ，様々な麺料理が生まれ，宋代には「麺」という言葉はうどんのような長い形に加工された小麦粉食品をも意味して用いられるようになった（岡田，1993）．さらに「麺」という語は他の穀類粉にも拡張して用いられるようになり，そばの場合には蕎麺（チャオミェン），トウモロコシなら玉米麺（ユイミイミェン）とよばれる．山西省や陝西省は，麺の技術のふるさとと称され，様々な形の麺をみることができる．麺のつくり方は，手延麺，包丁切りの麺，押し出し麺の3つに大別される（奥村，1990；図1.6）．これらの麺の技術が南北朝時代から唐時代にかけて完成し，世界に広まっていったと考えられている．

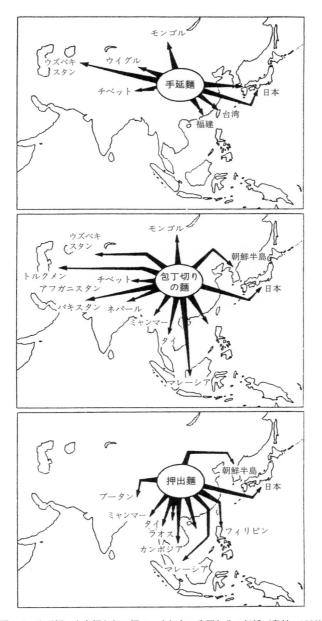

図1.6 そば麺，小麦麺などの麺のつくり方の分類とその伝播（奥村，1990）

(A) 日本

(B) 韓国

(C) 中国

図 1.7　そば麺の作製中の様子（日本，韓国，中国）
（A）は筆者の友人のそば屋にて，（B）は韓国春川市・朴喆虎教授（江原大学）の友人のそば屋にて，
（C）は陝西省楡林市・柴岩（西北科学・技術大学）の友人のそば屋にて（口絵 1C）.

　そばに話を戻すと，様々な蕎麺がみられる．例えば，生地を広げて包丁で切る，
いわゆる切り麺がある．図 1.7 は，日本，韓国，中国のそば切り作製の様子を示
している．中国の蕎麺の製法は，我が国の製法と基本的に類似していて，我が国
のそば切り技術の発祥との関連から興味深い．そば研究者朴喆虎によると，朝鮮
半島では，そばは本来北朝鮮の伝統食品であるが，韓国でも広く食されていると
いう．そば麺は，そば粉を主原料として，緑豆粉，デンプンなどをつなぎとし混
捏[4] し，図 1.7(B) のようにこんにゃく突きのような細孔から熱湯に入れ茹でて，
後に冷却してつくられるのが一般的であるという.

　パスタの起源については諸説があってよくわかっているとはいえないが，12
世紀頃に中国からシルクロードを経て，いったんイスラム帝国に入り，イタリア

4　混捏とはパン生地などをこねるときに用いる専門用語.

♠ コラム2　ケシ撲滅を目指したそば栽培 ♥

　ミャンマーの北部山岳地帯ではアヘンの原料になるケシが古くから栽培されてきた．最近日本政府は海外援助活動の1つとして，ミャンマーでケシに替えてそばを栽培し日本へ輸入しようとする事業を国際協力事業団のもとで推進している．この事業は氏原氏の献身的な協力で推進されており，麻薬撲滅という世界平和につながる素晴らしい事業である（氏原，1978）．筆者らもこの事業に氏原氏から協力を依頼され，ミャンマー政府関係の方々にそばに関する講義をするなどといった協力を行っており，今後この事業が成功裏に進んでいくことを願っている．

〔池田清和〕

南部でつくられ始めたと考えられている．いずれにしても中国とイタリアには類似した食べ物がみられ，シルクロードを介した文化交流があり，また互いに影響し合ったとも推察できる（池田・池田，1999）．

　我が国では，そば麺（そば切り）が最もよく利用される加工食品である．そばが麺の形で利用され始めたのは，江戸時代前だと推定されている（新島・薩摩，1985）．歴史をさかのぼると，奈良時代に中国（唐）から唐菓子（からがしまたはとうがしとも読む）が伝来した．唐菓子というのは，油揚げした小麦加工品で多くの種類がある．索餅という，よじった形をした唐菓子があり，これが鎌倉時代に「そうめん」の創製の原型になったともいわれる．同様に餛飩という唐菓子（餡を入れて煮た唐菓子で，形が定型ではなく不安定であることから餛飩とよばれたといわれる）があり，煮て食するところから温飩となり，これが室町時代にうどん創製の原型になったといわれる．

❦ 1.4　そばの粒食文化 ❧

　ヨーロッパやロシア，北米などでは，粒食が主要な食べ方である（図1.8）．そば米はロシア語でカーシャ（kasha）というが，この言葉がヨーロッパや北米などで使われ，いわば国際的な言葉となっている．ヨーロッパとロシアのカーシャについては，6章で説明する．

　ところで，大変興味深いことに，イタリアではそばをカーシャのような粒食では利用しない（ボナファチア（G. Bonaffaccia），私信）．また，イタリアと麺と

パスタで共通点の多い中国にも同様にそばの粒食はないということである（林，私信）．つまりイタリアと中国は，興味深いことに，そばに関して粉食しかないのである．筆者もこのことを聞き大変興味をもった．製粉技術の発展が深く関係するのであろうが，この点の食文化学的研究は，今後の課題である．

我が国のそば米またはむきそばの製法であるが，ふつうにそばを製粉すると粉になってしまうので，まずそば種子を茹で，途中で塩を適量入れ，茹でた後に乾燥させる．その後，製粉機（製粉しないように外皮を除く）にかけ，唐箕を用いてそば米とそばがらとに分ける．そば米では，製法上加熱しているために，含まれるデンプンが糊化している．このために，そば粒がつぶれにくくなっていて，そば粉にならず，粒（そば米）のままの形が残るという特徴がある．

そば粉の場合，全層粉や表層粉もよく食する．そば米とそば全層粉の間ではビタミンやミネラル含量にほとんど差がない．一方，そば米とそば内層粉（いわゆるさらしな粉）との間には大きな差があり，そば米は，そば内層粉に比べ，ビタミン B_1 は 2.6 倍，ビタミン B_2 は 1.4 倍，カリウムは約 2.1 倍多い（文部科学省，2020）．後述するパーボイルドライスとは顕著な差がある．

スロベニア，オーストリア，ドイツなどのヨーロッパでもカーシャ（そば米）がつくられる（図1.8）が，製法が国によって異なっている．特に塩を入れるタイミングが異なり，はじめから塩を入れる方法，日本のように途中で入れる方法，加熱の後に入れる方法に分けられる．または，脱皮機を用い外皮を除き「むき実」

図1.8 ヨーロッパのカーシャ（左から右へ，ドイツ製，スロベニア製，別のスロベニア製，オーストリア製）

をつくり，それを調理する方法もある．興味深いことに，そば米の色とポリフェノール含量には正の相関がみられる．つまり濃色のそば米はポリフェノール含量が高い（Ikeda et al., 2001）．また，そば米の咀嚼感に関係する分析をしたところ，硬度は米粒（乾し飯のようなもの），大麦粒などに比べ低いが，一方弾力性は他穀類粒に比べ変わらないことが判明した（Ikeda et al., 2001）．

　主要な加工米として，インドやパキスタンなどで食されているパーボイルドライス（parboiled rice）というものがあり，世界で生産される米の約20%がこの加工法で利用されている．この製法が，そば米と極めて類似しており，籾を水に浸漬し加熱・乾燥した後，精米機にかけて調製する．パーボイルドライスの場合，精白米に比べ，ビタミンB_1は約14倍，ビタミンB_2は9.2倍，カリウムは110倍多く含まれる．実際，ビタミンB_1の欠乏で起こる脚気は，日本人では深刻であったが，インドやパキスタンなどではほとんど起こってないといわれる．

　他方，我が国では，そばの粒食は主要な食べ方ではなく，むしろ限定的な地域で利用されている．1つは，徳島県の祖谷地方で，「そば米」という名称で利用されている．ここは源平合戦の後の平家の落人が落ち延びた地域で，稲が生育できないので，稲のような食べ物としてそば米を考案したといわれる．もう1つは，山形県の酒田地方で古くからつくられ，こちらでは「むきそば」という名称でよばれている．この辺りで「むきそば」が有名となっていった理由として，この辺りが北前船の停泊港となっていて，京都・大阪などの関西の文化が入ってきて，そのような中で京都の僧侶などが食していた「むきそば」を一般の人々も食するようになって名産となったといわれるが，不明な点も多い（図1.9）．

徳島県そば米料理　　　　　　　　　　　山形県むきそば料理

図 1.9　徳島県と山形県の伝統的なそば料理

❮ 1.5　国際そば学の誕生と今後の展開 ❯

　重要な食料であるそばについて，世界各地で様々な観点から広く研究されている．著名なそば学者であるスロベニア（当時はユーゴスラビア）・リュブリャナ大学のイワン・クレフト（I. Kreft）によって国際そばシンポジウムの開催が提唱され，第1回国際そばシンポジウムが1980年にリュブリャナ市で開催された．その際に，クレフトの提案で国際そば学会（International Buckwheat Research Association, IBRA）が設立された．いわば，そばを科学するグローバルな「国際そば学（International Buckwheat Research）」の誕生である．

　1983年に第2回シンポジウムが長友大教授を会長として宮崎県で開催された．その後，IBRAの主催で，当シンポジウムを3年ごとに開催することになった（表1.1）．国際シンポジウムでは，そば研究の発展を目指して，遺伝学，育種学，栄養学，食品学，調理学，医学などあらゆる分野からそばの特性について討議されている．

　IBRAでは，そばに関する国際学術雑誌 *Fagopyrum*（この名称は蕎麦の学名に由来している）を1年に1巻刊行している．この国際学術雑誌の編集においては，第1〜13巻でクレフトが初代編集長（Editor-in-Chief）を務め，第14〜15巻で俣野が第2代編集長を，第16〜24巻で大西が第3代編集長を，第25〜33巻で池田清和が第4代編集長を務め，第34巻〜現在でクレフトが再び第5代編集長として務めている．

　以上のように，国際そば学が創設され，展開している．　　　　〔池田清和〕

文　　献

Asami, Y. et al. (2006) Comparison of textural characteristics of buckwheat doughs with cereal doughs. *Fagopyrum*, **23**, 53-59.

Fawcett, J. A. et al. (2023) Genome sequencing reveals the genetic architecture of heterostyly and domestication history of common buckwheat. *Nature Plants*, **9**, 1236-1251.

池田清和・池田小夜子（1994）スロベニアのそば料理．日本調理科学会誌，**27**(3)，243-246．

池田清和・池田小夜子（1999）蕎麦利用の日本・中国・欧州における食文化学的比較研究．日本食生活文化調査研究報告集第16集，pp. 1-41，日本食生活文化財団．

Ikeda, K. and Ikeda, S. (2003) Buckwheat in Japan. In: Kreft, I. et al. (eds.), *Ethnobotany of Buckwheat*, pp. 54-69, Jinsol Publishing.

Ikeda, K. et al.（2001）Characterization of buckwheat groats by mechanical and chemical analysis. *Fagopyrum*, **18**, 37-43.

岩崎信也（2004）そば打ち教本，pp. 128-134，柴田書店．

Kreft, I. et al.（2020）Breeding buckwheat for nutritional quality. *Breeding Sci.*, **70**, 67-73.

Matsui, K. and Yasui, Y.（2020）Genetic andgenomic research for the development of an efficient breeding system in heterostylous self-incompatible common buckwheat（*Fagopyrum esculentum*）. *Theor. Appl. Genet.*, **133**, 1641-1653.

三輪茂雄（1985）「粉」の文化史．日本放送出版協会．

長友　大（1976）蕎麦考．柴田書店．

新島　繁・薩摩宇一編（1985）蕎麦の世界．柴田書店．

日本蕎麦協会（2019）そばデータブック．日本蕎麦協会．

大西近江（2001）ソバ属植物の種分化と栽培ソバの起源．山口裕文・島本義也編著，栽培植物の自然史—野生植物と人類の共進化，pp. 58-73，北海道大学図書刊行会．

岡田　哲（1993）コムギ粉の食文化史．朝倉書店．

奥村彪生（1990）麺のふるさと，中国への旅．日本放送出版協会．

Penin, A. et al.（2021）High-resolution transcriptome atlas and improved genome assembly of common buckwheat *Fagopyrum esculentum*. *Front. Plant Sci.*, **12**, 612382 U.

塚田松雄（1974）花粉は語る，岩波新書．

周　達生（1988）食文化からみた東アジア．日本放送出版協会．

Tsudaka, M.（1966）Late postglacial absolute pollen diagram in Lake Nojiri. *Bot. Mag. Tokyo*, **79**, 179-184.

氏原暉男（2007）ソバを知りソバを生かす．柴田書店．

Yasui, Y. et al.（2016）Assembly of the draft genome of buckwheat and its applications in identifying agronomically useful genes. *DNA Res.*, **23**, 215-224.

張　政・王　傳花（2003）Traditional buckwheat growing and utilization in China. In：Kreft, I. et al.（eds.）, *Ethnobotany of Buckwheat*, pp. 9-20, Jinsol Publishing.

Zhang, L. et al.（2017）The Tartary buckwheat genome provides insights into rutin biosynthesis and abiotic stress tolerance. *Mol. Plant*, **10**, 1224-1237.

2 そばの植物学

❦ 2.1 そばの植物学的特徴 ❧

2.1.1 世界のそばの栽培

ソバ属（*Fagopyrum*）は，顕花植物（種子植物ともいう）であり，ナデシコ目
（Caryophyllales）タデ科（Polygonaceae）に属する．ソバ属は双子葉植物に属
し，米，小麦，大麦などの穀類とは植物学上大変異なっている．米や小麦，大麦
は，イネ科植物（Poaceae）に属する．しかし，多くの場合に，他の穀類と同様
に，そば穀粒は，製粉して粉につくりパスタやパン，他の粉製品にする点が穀類
に類似している点から，穀類に分類される[1]．栽培そばは，ヒマラヤ山岳の山麓地
帯で，主に中国の雲南省，四川省，東チベットの3つの領域に挟まれた地域にお
いて，始められたと考えられている．ダッタン種そばは，標高2000〜2800 m で
生育している．ブータンは，そば栽培でよく知られている．インドにおけるそば
は，北部の山岳地帯，特にシッキム州，メーガラヤ州およびカシミール州において，
盛んに栽培されている．そばは，中央アジアからさらに西へ，パキスタン，アフ
ガニスタンを通りヨーロッパまで栽培されている．ヨーロッパにおいては，ウク
ライナ，ベラルーシ，ポーランド，セルビア（バルカン半島），ボスニア・ヘルツェ
ゴビナ（バルカン半島の西側），スロベニア，チェコ，スロバキア，オーストリ
ア南部，北イタリア，スイス南部，ルクセンブルクなどで栽培されている．ルク
センブルクでは，イスレック地域（ルクセンブルクとベルギーとドイツの3国が
隣接した国境の地域）にて珍しいことに普通種そばとダッタン種そばの両方が栽

---

1 日本の食品標準成分表においても，そばは穀類に分類されている．

培されている．ドイツにおいては普通種そばが，かつて伝統的に南部のバイエル
ン州で栽培されていた．北部ヨーロッパでは，伝統的にフィンランドの南東部の
カレリア地方で栽培されていた．後に，スウェーデンの一部やノルウェー南部で
栽培されていた．普通種とダッタン種の両方のそばが，ノルウェーの国境近くの
スウェーデンのワルムランドに約 200 ha にわたって栽培されている．デンマー
クはかつてそばの重要な栽培地であり，特にデンマーク中央部のフュン島やその
他の島々で盛んに栽培されていた．デンマークの有名な童話作家であるハンス・
クリスチャン・アンデルセン（H. C. Andersen）の作品の中に「そば」が出てく
る．フランスでは，北西部のブルターニュ地方において伝統的な作物である．米
国やカナダではヨーロッパ，特にポーランドやスロベニアから移住した開拓者達
が故郷を追憶しながら，そばを栽培したことがよく知られている．別のルートと
して，日本や韓国から中央アジアを経由し，ヨーロッパへ伝播したことが知られ
ている．また，日本からはブラジルへの集団移民によって，特に南部のパラナ州
などへ伝播したといわれている．

　オーストラリアのタスマニア島では，高品質のそば「タスマニアそば」が栽培
され，主に日本へ輸出されている．日本と季節が逆のオーストラリアではそばは
4〜5 月頃に収穫されるが，日本では初夏〜夏には，前年の秋〜冬に収穫された
そばの新鮮味が低下してくる．この時期に，オーストラリアで収穫された新鮮な
そばを楽しむことができるようになっている．また，最近そばの栽培が，主に中
国の業者によって，アフリカの南部で盛んに行われている．

2.1.2　そばの植物としての特徴：自家不和合性

　そばの植物体には，数個の分枝があり，葉の基部に小さい花を咲かせ，小花が
十数個集まり花房ができる．そばの実の中には，次世代に引き継ぐべき子葉があ
る．そばの花は，5 つの花被と，その外側に 5 つ，内側に 3 つの，合計 8 つのお
しべがある．

　植物学の視点から，普通種そばには自家不和合性という大きな特徴がある．普
通種そばには 2 種類の異なる花がある．1 つの花は，めしべが短く，おしべが長く，
これを短柱花という（図 2.1）．もう 1 つの花は，めしべが長く，おしべが短く，
これを長柱花という（図 2.2）．めしべの長さの異なる花，つまり長柱花と短柱
花の間で受粉ができる．受粉のためには，長柱花には短柱花の花粉が必要であり，

図2.1　普通種そばの短柱花（口絵2）

図2.2　普通種そばの長柱花（口絵3）

一方で短柱花には長柱花の花粉が必要である．長柱花同士や短柱花同士では受粉ができない．つまり，1本のそばでは受粉ができない．また，同じ種類の花をもつ個体間でも受粉ができないため，2種類の異なる花が揃う必要がある．このように異なるタイプの花で受粉するのは，形態学的な差だけではなく，自己受粉を防ぐためと考えられる．

　普通種そばの花は，蜂蜜を産生するミツバチを引きつける作用を示す．蜂蜜は，早朝につくられることが多く，主に日照時間に依存している．そばの植物体が，その同化作用の強い時期や，糖を多量に蓄積する時期に，水分が十分に存在すると，蜂蜜が多く産生されることが知られている．そばの蜂蜜は，黒褐色を呈し，独特の香りがある．

　そばは，結果としてできる穀粒に比べ，より多くの花をつくる．この形式の開花は非生産的開花とよばれ，開花の初期に現れる．未完熟開花は，施肥の不足だけではなく天候の不順でもしばしば起こり，その結果として植物の新鮮な同化作

用の不足が生じる.

受粉は,訪花昆虫として主にミツバチによって媒介されるが,同様に野生の蜂によっても介在される[2].そば畑の近くにハチの巣箱があれば,そばはより多く受粉する.また,近くに森があれば,森にいる野生のハチや他の昆虫によって受粉が促進されることが知られている.しかし,人工的につくられた森である場合は,植物や昆虫の多様性の発展が限られてしまい,そのためにそばの受粉が限定される.言い換えれば,森の近くにそば畑があれば,森に生息する昆虫の繁殖を促し,野生の昆虫の多様性を発展させる.自然が保護されている地域において,ミツバチの巣箱を設置することは,農業の発展には大変重要であるし,よく問題となる殺虫剤の使用を減らすという点などでも重要である.多様性を有する生態系は,単純な生態系に比べ,安定していることが知られている.ドイツ,フランスなどの多くの国では,農薬低減化での植物栽培の方針で進められている.我が国には農薬禁止の方針はないが,一部の企業などでは無農薬そば栽培が実施されている.いくつかの国では,殺虫剤の使用は,そばや果物の開花時期には,ミツバチを保護するために禁止されている.

そばの茎は,約50 cm～2 m程度である.茎の長さは,品種や生態学(エコロジー)的条件などにも依存する.幼弱なそば植物体では,土壌中の水分に依存し,水分が少ないと成長が遅れ,茎,特に日光に当たった部分が赤くなる.この日光にさらされた茎の側が,成長や茎の色に影響することが知られている.何かの影響で成長が不十分なそば植物体が後に十分な水分を得ると,ミツバチの活動を拡大させ,その結果として穀粒の収量が良くなる.もし多量の水分や,多量の窒素が入れられると,そば植物体の草丈が非常に高くなり,2 m位の高さまで生育し得る.このように草丈が大きくなったそばでは,茎,新葉,新花などの形成のための同化作用が活発になり,穀粒の形成が十分に行われず,かえって穀粒の収量が悪くなる.

そばには,無限伸長性と有限伸長性という植物学上の特性がある.多くのそば品種は無限伸長性を示し,これらのそばでは,節間伸長[3]という性質が続くために,結実の進行と開花の低下とが一致して進まず,イネなどとは異なって,結実後に

---

2 中国などでは子供に竹箒を渡し,そばの花の上を竹箒ではくようにして受粉させる.

3 節は葉が茎に接する部分のこと.

も開花を続ける．この状態を続けると，できたそばの実の重さのために脱粒が起こり，収量が低下する．そばは，適当な時期（ふつうは約80％程度が熟した時期）に収穫される．一方，有限伸長性を示すそば品種もある．ロシア，スロベニア，スイスでは，有限伸長性，つまりそばの茎の主茎の頂点に限界のある遺伝子型をもつ品種が存在する．有限伸長性を示すそばは，他のそばに比べ，全体に背丈が低く，またよりしっかりとした主茎をもっている．このような有限成長を示す要因としては，そばの植物生理学的ないくつかの要因があって，それらに何かの変異が起こったことがあげられる．しかし，そばの有限成長性が何故生じるのかに応じる植物学的要因については，今日でもよくわかっているとはいえない（Kreft,1989；Kasajima et al., 2016；Amelin et al., 2020）.

そば穀粒は，実とよばれたり，種ともよばれたりする．正しくは瘦果（achene）である．瘦果は，外に硬い果皮（殻）があり，その中に種皮（甘皮）があり，一果実の中に一種子のある構造をしている．普通種そばの形は三角形をしており，大きさに関しては多種のものがある．ヨーロッパのそば穀粒でいえば，形が小さく黒い斑点があり，全体の色は灰色または薄灰色をしている穀粒（一般にsilverhull とよばれる），灰色でそば穀粒は薄い外皮の品種（Siva 品種など），黒色で比較的大きい品種（Darja 品種など）など多種がある．中国や日本，特に日本では，普通種そば穀粒が，ヨーロッパなどに比べ，より色が濃く，大きさもより大きい[4]．普通種そばは染色体二倍体であるが，染色体を倍加したそば，つまり四倍体のそばがある．普通のそばよりも，粒が大きい特徴のあるそばであり，多く利用されている[5]．

2.1.3 そばの構造

そば穀粒は，外皮がある．外皮は，食物繊維やカルシウムに富んでいる．外皮のすぐ下に，アリューロン層（糊粉層ともいう．米や小麦にも存在する．米でいうとぬかと胚乳の間にある細胞層．タンパク質顆粒や脂肪球がある）があり，タ

---

4 日本では，そば穀粒の黒色が強く，粒がより大きく，さらに穀粒が割れたときに中の甘皮部分が新鮮にみえることから，緑色の強いものが好まれる．
5 日本では，イヌサフランから抽出されるコルヒチン（種なしスイカをつくるときに用いられる）をそばに作用させてつくられた四倍体そばとして「信州大そば」（氏原らが開発），「みやざきおおつぶ」（長友大らが開発．現在でも利用されている）がある．

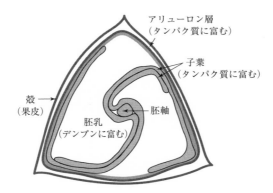

アリューロン層
(タンパク質に富む)

子葉
(タンパク質に富む)

殻
(果皮)

胚軸

胚乳
(デンプンに富む)

図2.3 そば穀粒の構造

ンパク質やリンや他のミネラルに富んでいる. この下にはデンプンに富む胚乳
があり，また，そば穀粒の中央には2つに折りたたまれた子葉がある（図2.3）.
子葉は，フラボノイド，特にルチンに富んでおり，またタンパク質やミネラルも
多く含む. 胚軸は穀粒の上部に存在している. 米などでは胚芽が胚乳の1つの側
に結合しており，このためにゆっくりと製粉を行うことで胚芽を簡単に取ること
ができる. 一方，そばの場合は胚芽が胚乳の中央にあるために，製粉するとはじ
めの粉分画に入り込む. 胚乳は主にデンプンからなり，その他少量のタンパク質
とミネラルが含まれる. このような構造上の特異性があるので，そばの製粉では
タンパク質やミネラルに富む粉の分画物や，ほとんどデンプンに富む粉などに分
画することが可能になる. この特徴を活かして，日本ではさらしな粉とよばれる
主にデンプンだけの粉によって，タンパク質に由来する粘りのないさらしなそば
をつくることが可能となる. ヨーロッパでも同じような製粉法はあり，スロベニ
アで有名なポティカ（Potica）[6]とよばれるそば料理も，このような内層粉を用い
てつくられる.

　発芽によって，そばの外皮は発芽幼植物の上に位置することになる. このため
に，土壌からの養分や水分の浸透が容易になる. 2つの子葉があり，これがだん
だん広がり，外皮は落ちる. 子葉は徐々に緑色を呈することになる. 時折白色の子
葉がみられることがあるが，これは遺伝的な変異である.

6　ポティカは，代表的なスロベニアのそば菓子（ロールケーキ）である.

図 2.4 そばの葉の形状

　そばの植物体は 2 種類の葉がある．上の葉は直接主枝または側枝に位置する（図 2.4）．下の葉は茎を有している．上の葉の形は，やじりのような形であるが，下の葉は心臓のような形をしており，この形は，品種にもよるが，生態条件によく一致することが知られている．

　そばの根部は浅いのが特徴であるが，土壌中のリンの貯蔵を活性化する能力のあることがよく知られている．また，普通種およびダッタン種そばは，両方とも根に菌類（カビ，特に菌根菌）が侵入し共存関係が成り立つことが知られており，これを根菌共生という（Likar et al., 2008）．

　そばは，本来日照時間が短くなると開花が促進される短日植物である．ところが，日本のそばは栽培に適する時期によって 3 つの型に分けられる．日本の約 300 種類の普通種そばを調査した結果，夏型，秋型と中間型とに分けられることが判明した（Matano and Ujihara, 1980）．これらは品種ではなく，栽培生態型（agroecotypes）である．夏そばは高温に耐性が高く，春や初夏の長日条件でも開花が遅れず，高い収量が得られる．一方，秋そばは，夏に播種され晩秋に収穫されると高い収量が得られる．つまり適期播種の際に高収量が得られる．概していえば，夏そばは主に東日本で栽培され，秋そばは主に西日本で栽培されているが，夏そばの栽培は漸減している．秋そばは，香り，食感，色などの美味特性の点が夏型に比べて高いので，新そば，秋新などと称され好まれる．他の国において，異なるそばの品種が播種の時期に影響を及ぼすという報告はない．いずれにしても，日本型のそばが夏型，秋型，中間型とに区別されるのは，日照時間の期間との関係が関係していると思われるが，詳細な研究は未だされていない．

　日本の夏そばと秋そばの区別に関連して，例えばオーストリアのケルンテン州では，長年連作障害が起こることもなく，そば種子が春（5月末）に播種され栽培された後に，同じそば種子が夏（7月末）に栽培されている．スロベニアでは大麦または小麦の収穫後（6月初頭）に，同じ畑で，普通種そばが7月20～25日の間に播種される．このように，ヨーロッパでは，日本のように夏そばと秋そばとが区別されることなく，そばが栽培されている．カナダ，米国などでも，そばが春に播種され初夏に収穫されている．そのような意味で，日本の夏そばと秋そばは興味深い．

　日本の九州や，インドのいくつかの地域や，アフリカ高原地域のような暖かい地域では，冬にそばを成長させることが可能である．例えば，インドのシッキム州では，モンスーン雨期の後の9月にそばが播種され，11月に花が咲き，12月末～1月に収穫される．

　普通種そばとは別に，ヒトの栄養源となるそばは2種類あり，1つはダッタン種そばであり，もう1つは宿根種そばである．ダッタン種そばは，中国四川省涼山彝族自治区をはじめとして，中国全土，特に万里長城に沿った高原地帯などに広く生育されている．ダッタン種そばは，普通種そばに比べ約100倍のルチンを含んでいる．ルチンやケルセチンなどの多量のフラボノイド成分のために，ダッタン種そばは苦い味を呈する．苦味は主に，そば穀粒に含まれるルチン分解酵素

図 2.5　ダッタン種そばの花と緑色の実（口絵 4）
淡く色づいた小さなダッタン種そばの花がそれぞれの茎頂にみられる（A）．ダッタン種そばの花の下にある茎の上に，淡緑色の三角形をした実がみられる（B）．

によってルチンから生じたケルセチンによる．Suzuki et al.（2014）は，このルチン分解酵素を欠損したダッタン種そばの変種を発見した．この新種のダッタン種そばでは，ほとんど苦味を呈さない．別の可能性として，リュブリャナ大学のゲルムらは，ダッタン種そば粉を80℃以上で処理すると当該酵素を熱失活できることを発見した（Germ et al., 2019）．一方で，Ikeda et al.（2017）は，ルチンではなくケルセチンがデンプンを単糖に変換させる作用を阻害することを発見した．この発見は糖尿病患者には重要な意味をもつと考えられる．

　ダッタン種そばは，普通種そばに比べて貧弱な生態学的条件に適応しやすい特性をもっている．ヒマラヤ山岳地帯では，ダッタン種そばが高い緯度下でかつ過酷な条件下で生育しており，ここではダッタン種そばが栽培起源地から色々な経路で伝播してきたと考えられている．しかし，正確な経路はよくわかっていない．

　中央ヨーロッパからの1つの例を挙げる．1815年頃，インドネシアのタンボラ山や他のいくつかの地域で，巨大な火山爆発が起こった．火山灰が，中央ヨーロッパを含むかなり広い地域に飛来した．普通種そばや，小麦などの他の伝統的な作物が生育することができなかった．今日「夏のない年」とよばれるこの年は，重大な飢饉が蔓延した．しかし，実はダッタン種そばだけが，このような条件下で生育し，人々の貴重な食料となったといわれる．その後，数年にわたり続いた飢饉の間，人々はダッタン種そばだけを生育させ，食料とした（図2.6）．その後，ルクセンブルクや北イタリア，スロベニアでは，ダッタン種そばの栽培を続けてきた．ボスニア・ヘルツェゴビナでは，伝統的に，普通種とダッタン種そばの両方を混合して栽培し，食料にしてきている．

　宿根種そばは，中国や，東南アジア，インドの山岳部などの温帯ヒマラヤ地方

図 2.6 完熟したダッタン種そばの実
普通種そばの実の表面は平坦であるが，ダッタン種そば
の実の表面は起伏の多いという特徴がある．ダッタン種
そばの実の3つの角に刺の出ることがあるが，完熟する
と刺はなくなる．

の植物栄養分に富まない土壌に生育する野生植物である．中国では，薬用植物や，
家畜の医薬品，時には人の食料としても利用している．宿根種そばは，名の通り
多年生であり，若葉を野菜として食するので野菜そばともよばれる．シャクチリ
（赤地利）そばともよばれ，この命名は牧野富太郎による．

　宿根種そばの花は，普通種そばやダッタン種そばに比べて，小さいめしべやお
しべを有しているという特徴がある．宿根種そばの花が図2.7の（A）にみられ
るが，図2.8の（A）ではより詳細にみることができる．図2.7では宿根種そば
の実（B）がみられる．宿根種そばの植物体は，直立空洞の茎に柔毛があり，枝
の分岐が多く，また粗い茎や葉を有する（図2.7）のが特徴で，多くの石を含む

図2.7　宿根種そばの花（A）と実（B）

図2.8　宿根種そばの花（拡大）

土壌や，岩の割れ目などに生育することができる．

　宿根種そばは，観葉植物としても利用できる．宿根種そばの葉には高含量のル チンが含まれていることが知られているが，一方で光毒性のあるファゴピリン[7] が含まれているので注意が必要である（Stojilkovski et al., 2013）．いずれにして も，宿根種そばは，薬用としての有効性が期待される．ルチンとファゴピリンを 別々に超臨界抽出法などで抽出すれば抗ウイルス剤や他の目的に有用であると考 えられている．

❦　2.2　そばとその型の分類学　❧

　そばは，かつてはタデ科タデ属に分類されていたが，タデ科植物の分類に大き く貢献したスチュワード（Steward, 1930）は形態学的特徴がタデ属と異なるこ とからそばを独立させソバ亜属と分類した．現在ではタデ科ソバ属（*Fagopyrum* Mill.）に分類されている．ソバ属は，大西の研究グループ Ohnishi and Matsuoka （1996）が形態，アロザイム変異，DNA 塩基配列解析から，そばには 17 種あり， これらが 2 つのグループに大別されることを提唱している．1 つのグループは， 栽培種である 2 つの種，つまり普通種（*F. esculentum* Moench）とダッタン種（*F. tataricum* (L.) Gaertn.）を含むシモースム（*cymosum*）グループとよばれる（表 2.1）．もう 1 つのグループは，野生種だけからなり，ウロフィルム（*urophyllum*） グループとよばれる（表 2.1 には掲載されていない）．

　ソバ属の栽培起源とソバ属間の関係については，そば野生祖先種の発見や多 くの新種の発見を行った大西によって詳細に議論されている（Ohnishi, 1990； Ohnishi and Matsuoka, 1996；Ohnishi, 1998a；Ohnishi, 1998b；Ohsako and Chengym, 2020）．

　ソバ種間受精については，スヴォロヴァらが議論している（Suvorova, 2016）． 種間受精は大きな研究課題である，普通種そばは他殖性であり，虫媒や風媒によ る受粉を行うので，品種の形質がミツバチや風によって次第に変化するという欠 点がある．北海道のように広大なそば栽培地では形質変化は起こりにくいが，長

7　ファゴピリンは，アントラキノン系の色素成分で，光過敏症の原因物質になることが知られている． 　普通種そばやダッタン種そばの茎や葉にも含まれるが，実には含まれない．宿根種そばは葉を食する 　ので注意が要る．食品の光過敏症発症成分（魚介類など）には，致死性のものがあり，要注意である．

表 2.1 宿根種そばグループのそば種（部分的に Ohsako and Li（2020）に合わせた）

学名	栽培種/野生種	染色体数	受精の形式	生育地
F. esculentum	栽培種	16, 32	SI	アジア，ヨーロッパ，南北アメリカ，アフリカ，オーストラリア
F. esculentum	飼料	16	SI	中国，ヨーロッパ
F. esculentum ssp. *ancestrale*	野生種	16	SI	中国
F. tataricum	栽培種，野生種，飼料	16（まれに 32）	SC	アジア，ヨーロッパ
F. homotropicum	野生種	16, 32	SC	中国
F. tataricum ssp. *potanini*	野生種	16	SC	中国
F. cymosum	野生種または飼料	16, 32	宿根性，主に栄養繁殖	中国，ブータン，インド，ミャンマー，ネパール，ベトナム
F. giganteum	限定栽培	32	詳細不明	ロシア
F. hybridum	実験的品種	32，染色体不全で異数体	詳細不明	ロシア

SI＝自家不和合性（他殖生ともいう），SC＝自家和合性（自殖生ともいう）.

野県のような山岳地帯では起こりやすい．ダッタン種そばは自殖性であり，この問題はない．ネパール山岳地帯では，普通種そばを植え，その隣の畑をダッタン種そばを植えて囲み，さらに隣に別の普通種そばを植え，普通種そばが交雑しないように工夫をしている．ところで，最近発見された *F. homotoropicum*（Ohnishi, 1995）は自殖性でありかつ普通種に近縁なので，この種と普通種の種間受精を試み，自殖性の普通種を創製しようとする研究がスヴォロヴァらによって行われている．自殖性のそばが得られれば，自殖性の米や小麦のように，品種の安定したそばが確立されるので大いに期待されている．

　普通種そばは，自家不和合性のそばである．実験的に自家受粉させると，ほとんど実ができない．少しできた実は異常性を示し，極めて小さな植物体ができたり，多数のめしべを有す花ができたり，異常な花蓋ができたりする．普通種そばの子葉は，大きくて，非対称形で，それぞれ逆方向に向いている．子葉は，潜性遺伝で白色を呈することがある．子葉は，ふつう緑色であるが，強い日光にさらされると赤みがかる．茎はしばしば角があり，緑色または明るい赤色である．強い日光が当たると，日光の方向に向き，そうなると強い赤色となる．葉は緑色，時々

葉に基づいた赤色になる．古い葉は程度の差はあるが赤みを帯びる．葉はやじり
形または心臓形を呈する（図2.4）．

　普通種そばとダッタン種そばには形態学的にいくつかの差異がある．ダッタン
種そばの子葉は，小さく，丸く，対称形である．色は明るい緑色から暗緑色をし
ている．茎は厚く短い．根は短く毛深い．葉は大きく水分が多く，長いというよ
り広い．サイズは生育環境によって異なる．

　宿根種そばの子葉はかなり小さく，丸く，幾分対称形である．野生植物として
広く咲いている．時々，狭い畑で薬用植物として栽培されている．宿根種そばは，
中国，ブータン，インド，ミャンマー，ネパール，ベトナムなどに生育している．
普通種そばやダッタン種そばに比べ，緑部分と花は高含量のルチン，ケルセチン，
ファゴピリンを含んでいる．

　ウロフィルムグループは，シモースムグループとはかなり異なる種である．
これらのそばの生育や利用についてはよく知られていない．このグループの
そばでは，中国の南部（雲南省，四川省）やブータンに，*F. urophyllum*, *F.
gracilipes*, *F. gracilipes*, *F. leptopodum*, *F. statice*, *F. gilesii*, *F. pleloramosum*,
F. callantthum の野生種そばが分布している（Ohsako and Li, 2020）．しかし，
これらのそばの食料，肥料としての生育の重要性についてはよく知られていない．
これらのそばの痩果は，宿根種そばなどに比べ小さい．

　最近，ウロフィルムグループに属するいくつかのそば種が発見され報告されて
いる．いくつかのさらなる種が，将来発見され報告される可能性がある．ウロフィ
ルムグループの中で，ダッタン種そばにかなり類似（ただし痩果の形やサイズは
異なる）したそばが存在していることが知られている．これらのそばについては，
魅力ある栄養特性などを有する可能性があり，異なる研究法のアプローチによっ
て研究，確立される必要性がある．　　　　　　　　　　〔Ivan Kreft，池田清和訳〕

❧　2.3　そばの育種　❧

2.3.1　日本におけるそば品種の現状

　日本で食用に栽培されているそばには，植物分類学的には古来日本そばの原料
として知られる普通種そばと機能性物質のルチンが多く含まれることが近年明ら
かになったダッタン種そばの2種類があげられる．農水省のウェブサイトでそば

の品種を検索すると普通種そばが 40 件,ダッタン種そばが 14 件ヒットする(2020年 2 月 17 日現在).そば属にはその他に,多年生の宿根種そばも漢方薬原料として栽培利用されているが,その利用は限定的で小さく,大規模な商業的な栽培がされているわけでもない.宿根種そばについては組織的な育種がなされておらず,品種もない.以上のようなことから,本節では普通種そばとダッタン種そばの 2 種の育種について述べる.

また,国内での生産は日本そばの原料である普通種そばが最も多い.ダッタン種そばは機能性食品として注目され始めたばかりであり,その食感および食味は普通種そばに取って代わるような品質とは未だいえない.したがって,本節の記述も普通種そばが主,ダッタン種そばが従という形にならざるを得ない.その点,ご承知置きいただきたい.

育種というのは,端的にいえば,有用動植物の品種改良である.野生動植物が人類に利用されるにあたっては,長い 馴化（じゅんか）の歴史があった.その後,人類による積極的な選抜が行われ,品種とよばれる均一な集団が育成された.個人の育種家による品種改良から,現代は主に高度な分析機器を利用して,ルチン,ビタミン,糖類といった機能性成分や良食味などの良品質を目的にした組織的な品種開発に重点が移行している.品種を開発することを品種育成という.

品種を育成するという言葉の「育成」について,そば業界の方々との間に若干の齟齬がある,と感じている.業界関係者には単に栽培,生産するという意味で育成という語を使われることが多い.『広辞苑（第 6 版）』をみると「育成」という項目には「やしないそだてること.立派に育て上げること.「人材を──する」」と書かれている.また,育種に関連する用語として「育成種」があり,それには「目的に沿って選別・交雑して育てた品種,育成品種.」とある.これの元々の意味としては単に同じものを大量生産するというわけでなく,よりよいものに育てあげるという意味の語であって,特性が優れたものをつくり上げるということである.「育成種」という語は,品種開発の分野では品種改良をした品種のことであり,「育成」には改良する意が込められている.このように,農業関係の研究機関では品種育成という語は品種開発と同義語で使われ,品種を開発する行為がそのまま育成ということを意味する.したがって,本節では,特に断りのない限り,育成は品種改良の意味で使われている.

品種開発は時代時代にその時代に求められる選抜が行われる.食糧難の時代に

はできるだけ収穫量の多い品種が求められ，逆に自給率が上がり，飽食とも過剰生産ともよばれる時代になると，一転して，量的に低収量性であってもよいが，質的に優れた美味性をもった品種の開発に移行してきている．さらに，そばではビタミンやルチンのような機能性成分の向上が求められるようになった．昨今は，生産者のみならず研究機関においても人手不足の状況があり，育種家の能力を人工知能（AI）に肩代わりさせ，直感的な選抜でなく，即座に自動的に判断されるような効率的な育種が求められる．つまり，品種は時代を反映する鏡であり，時代背景なしに品種開発の物語は語れない．まずは，そばの品種を開発時期で分類して日本のそば品種開発の概観を述べる．

2.3.2　そばの品種
a.　1945 年以前に開発された品種
表2.2は育成年次順に並べたそば品種である．現存する 4 つの品種を中心に説明する．地域特産作物，食料増産の観点から，そばの産地を有する農業試験場の手により品種開発を実施した．選抜の特徴としては，多収に注目した選抜が行われているという点が考えられる．結果的にはこの時期開発された品種が長い間主流を占めることになった．そして，これらの品種から派生する在来種が次の時代の品種開発の素材となったということが注目に値する．

（1）牡丹蕎麦
1925 年北海道農試が伊達町（現伊達市）在来種から選抜した．天塩町で試作・検定し，1930 年に奨励品種に決定した．この後，1989 年に「キタワセソバ」が開発されるまで，北海道の主力品種として君臨してきた品種である．

表 2.2　1945 年以前に育成された品種

品種	育成年次	育成機関	備考
最上早生	1918	山形県農業試験場	現存する最上早生は 1993 年に再度選定された
階上早生	1933	青森県農業試験場	階上町在来種より選抜
栃木 1 号	1926	栃木県農業試験場	現存しない
高知秋蕎麦	1928	高知県農業試験場	現存しない
牡丹蕎麦	1930	北海道農業試験場	伊達町在来種より選抜
信濃 1 号	1944	長野県農業試験場	福島県在来種より選抜

(2) 階上早生

1920年青森県農試が三戸郡階上村（現階上町）の在来種より選抜し，1933年青森県奨励品種に採用された．現在も青森県の奨励品種であり，採種が行われている．

(3) 最上早生

山形県農試が最上地方の在来種より選抜し，1934～1944年の間，奨励品種として普及が図られた．しかし，その後採種体制は維持されなかった．現在普及している「最上早生」は1983年に改めて選抜され，1993年山形県の推奨品種となったものである．

(4) 信濃1号

1944年長野県農試桔梗ヶ原分場（現長野県野菜花き試験場）が福島県在来種から，選抜し育成した．下記の「キタワセソバ」，「常陸秋そば」と並ぶ，今日広く利用されている品種である．

(5) 栃木1号

栃木県農試が1926年に在来種から純系分離法によって育成し，その後栃木県下で栽培された経過がある．しかし，奨励品種として普及されたものではなく，採種もなされずに，品種としては既に消失した．

(6) 高知秋蕎麦

1923年，高知県農試において在来種の系統分離に着手したもので，1928年高知秋蕎麦25号を選定し，県奨励品種に決定された．しかし，採種はされておらず，既に消失した品種である．

　　以上，1945年以前に育成された品種をみてきた．しかし，いくつかの品種は既に消失した．他殖性であるそばの品種採種には組織的な採種が肝要である．採種体制がないと簡単に品種は失われるのである．これらの品種の中で現存するのは「牡丹蕎麦」，「階上早生」，「信濃1号」である（「最上早生」は再選抜された）．これらの品種は県や道の指導の下，隔離採種が続けられている．また，これらは種苗法成立以前の品種であり，登録された品種ではない．しかし，これらが次の時代の品種を生み出すための標準品種，比較品種として利用されることになった．

b. 「常陸秋そば」および「キタワセソバ」が育成されるまでの品種

　　1945年以降，そば生産における大きなトピックは，1969年より実施された米

表 2.3　「キタワセソバ」以前に育成された品種

品種	育成年次	育成機関	来歴等
しなの夏そば	1979	長野県中信農業試験場 （現長野県野菜花き試験場）	「木島平在来」からの選抜 （未登録品種）
みやざきおおつぶ	1980	宮崎大学	「宮崎在来」の四倍体
信州大そば	1985	信州大学	「信濃1号」の四倍体
常陸秋そば	1985	茨城県	「金砂郷在来」からの選抜
キタワセソバ	1989	北海道農業試験場 （現農研機構）	「牡丹そば（富良野）」からの選抜

の生産調整である．そばは転作作物に指定され，全国で大きく作付面積を増やした．しかし，品種としての種子の流通が円滑でなかったため，地域に適した品種が供給されず，また，急な生産量の増加は品質の低下も招き，製粉などの実需の要望に適したものでなかった．その後生産は再び低下し，各産地では円滑な種子の供給を求める声が大きくなり，各地域における品種開発の重要性が再び顕在化してきた．そして，各地域で品種開発の取り組みが始まった．この中で産地である北海道における「キタワセソバ」，茨城県における「常陸秋そば」の開発が成功例としてあげられるだろう．表 2.3 に 1945 年以降，「キタワセソバ」が育成されるまでに開発された品種を掲げた．これらの品種の特徴を以下に述べる．

(1) しなの夏そば

長野県中信農業試験場（現長野県野菜花き試験場）によって，「木島平在来」から選抜された品種である．春播き栽培（夏そば），またそば二期作栽培に適した早生品種である．長野県を中心に栽培されている．

(2) みやざきおおつぶ

宮崎大学・長友教授によって育成された．在来種の「宮崎在来」にコルヒチン処理を行い，選抜された四倍体品種である．宮崎県で主に栽培されている．

(3) 信州大そば

信州大学・氏原教授によって育成された．「信濃1号」のコルヒチン処理による四倍体品種である．埼玉県，愛知県，奈良県，岡山県，香川県などで栽培されている．

(4) 常陸秋そば

茨城県により，「金砂郷在来」より選抜された品種．大粒で，高品質なそばと

して実需からの引き合いが多い．茨城県で主に栽培されている．

(5) キタワセソバ

農林水産省北海道農業試験場（現農研機構）により，育成された品種．北海道立十勝農業試験場（現道総研）より導入された「牡丹そば（富良野）」から個体選抜と系統選抜を繰り返し，開発された（犬山他，1994）．

この時期，育成された品種はまだ試行錯誤の段階であった．「しなの夏そば」は本州温暖地ではじめて開発された夏そば用品種であり，そばの作期拡大と危険分散に貢献した．しかし，在来種からの選抜であったため，種苗法による品種登録がなされなかった．「みやざきおおつぶ」と「信州大そば」の四倍体品種は，その特性である大粒が見栄えが良いため，一部の麺店から支持を受け，南九州や長野県に特産地を形成していった．しかし，千粒重が40g以上と大粒で，リットル重が500g/L程度と低く，製粉歩留まりも低かったため工場生産する製粉などの実需者からは不評であり，生産は伸び悩み，次第に縮小していった．こうした状況下で，関東地方の産地である茨城県で「常陸秋そば」，大産地の北海道で「キタワセソバ」が開発された．これら両品種は在来種からの選抜である．したがって，二倍体であり，千粒重が30〜40g程度，容積重は600g/L程度であり，製粉歩留まりは60%程度という，実需者にとっても，好ましい特性を有していた．特に大産地の北海道の生産安定は実需者の製品の安定化に貢献し，消費者に高品質なそば麺の提供が可能になった．北海道産の良質な玄そばから製粉されるそば粉もまた良質であり，高品質な製品が新たな消費者，需要を獲得し，さらなる増産が求められ，現在，国産第1位を占める北海道の安定生産に寄与する起爆剤となった．

c. 「常陸秋そば」，「キタワセソバ」以後に育成された普通種そば品種

国産そば，特に北海道産「キタワセソバ」の成功により，そばに対して多くの農業者が注目するようになった．そばは生育期間が短く，播種から収穫まで機械で行うことから大面積を効率的に利用できる希有な特性がある．しかし，そばの品種には地域性があり，良い品質のそばだからといって遠くの地域にもって行ってもうまく育たない場合もある．例えば，本州の秋そばである「信濃1号」を北海道で栽培しようとすると，日長条件が合わないため，背丈が高くなり，花が咲き続け，ほとんど実をつけない．また，北海道の「キタワセソバ」を本州で栽培

表 2.4　公設機関および農研機構により育成された普通種そば品種（2020 年 2 月現在）

品種	出願年等	育成機関	来歴等
キタユキ	1992	北海道農業試験場（農研機構）	在来種「津別」からの選抜，耐病性
美山南宮地在来	1995	福井県農試	未登録品種
大野在来	1995	福井県農試	未登録品種
でわかおり	1996	山形県	最上早生・コルヒチン処理後代の大粒選抜
ほろみのり	2001	幌加内町	「キタワセソバ」からの有限伸育性選抜
キタノマシュウ	2001	北海道農業研究センター（農研機構）	「キタワセソバ」からの有限伸育性選抜
北海 3 号	2001	北海道農業研究センター（農研機構）	「牡丹そば」の四倍体
開田早生	2002	長野県中信農業試験場（長野県野菜花き試験場）	「開田在来」から選抜
とよむすめ	2003	中央農研北陸センター	「葛生在来」からの選抜
そば中間母本農 1 号	2006	九州沖縄農業研究センター（農研機構）	「牡丹そば」×「「牡丹そば」× $F.\ homotropicum$」
なつみ	2006	中央農研北陸センター（農研機構）	「テンピスト」，「キタワセソバ」，「夏そば」，「しなの夏そば」の混合交配
会津のかおり	2007	福島県	「下郷町在来種」からの選抜
春のいぶき	2007	九州沖縄農業研究センター（農研機構）	「階上早生」からの選抜
さちいずみ	2008	九州沖縄農業研究センター（農研機構）	「新潟県在来種」×「対馬在来」
宮崎早生かおり	2008	宮崎県	「鹿屋在来」からの選抜
タチアカネ	2009	長野県	「臼田町在来」からの選抜
レラノカオリ	2009	北海道農業研究センター（農研機構）	在来種「端野・緋牛内」の選抜
ガンマの彩	2011	農業生物資源研究所（現農研機構）	「牡丹そば」の人為突然変異選抜（種子照射）
コバルトの力	2011	農業生物資源研究所（現農研機構）	「牡丹そば」の人為突然変異選抜（種子照射）
ルチキング	2011	農業生物資源研究所（現農研機構）	「牡丹そば」の人為突然変異選抜（植物体照射）
出雲の舞	2011	島根県	「牡丹そば」×「横田在来」
にじゆたか	2011	東北農業研究センター（農研機構）	「葛生在来」×「戸隠在来（秋）」
長野 S8 号	2012	長野県	「関東 1 号」×「信濃 1 号」
キタミツキ	2015	北海道農業研究センター（農研機構）	「端野 43（レラノカオリ）」×「キタワセソバ」
夏吉	2016	東北農業研究センター（農研機構）	「奈川在来」×「北海 14 号（レラノカオリ）」
山形 BW5 号	2017	山形県	「でわかおり」×「常陸秋そば」
NARO-FE-1	2017	九州沖縄農業研究センター（農研機構）	キタワセソバ，矢板在来，朝日村在来 3，階上早生，常陸秋そば，戸隠在来 1，関東 1 号，国東在来 1 の混合交配集団からの選抜
長野 S11 号	2018	長野県	長野 S8 号の有限伸育性

表 2.5 民間等で育成された品種（2020 年 2 月現在）

品種名	育成年	育成者・機関	備考
高嶺ルビー	1993	タカノ (株)，氏原暉男	赤花
信永レッド	1996	個人	赤花
グレートルビー	1998	タカノ (株)，氏原暉男	四倍体，成熟中の赤果皮色
島田スカーレット	1999	トモノアグリカ (株)	赤花
サンルチン	2002	タカノ (株)，氏原暉男	高ルチン
KOMA	2006	Kade Research Ltd. (カナダ)	1/3 の自家受粉
飛越 1 号	2011	個人	
高嶺ルビー 2011	2011	タカノ (株)	
あきあかね	2011	信州大学，タカノ (株)	
AOI	2016	日穀製粉 (株)	

すると，生育が早く進み，特に猛暑のときにはめしべの発育がうまくいかず実を付けずに低収量となる傾向がある．また，成熟後も暖かいため，降雨により，穂発芽を起こす障害にみまわれる．そば産地の道県では地域に適した品種を奨励品種として選定した．農研機構でも北海道農業研究センターの他，旧北陸農業試験場，九州沖縄農業研究センター，東北農業研究センターにおいてそば育種を実施した．しかし，そばには地域適性があるといっても，その品質，美味しさにおいて品種の違いを明確に示すような特異性があるとはいえない．

ある意味，百花繚乱のような状況で育成された品種も実は手探りで品種開発を進めているのが実情である．この時期に取り組まれた様々な形質を列挙してみる．高ルチン，赤花，登熟時の赤い実の特性，有限伸育性，自家受粉，良食味などがある．以上からみると，民間では赤花を中心に，特徴のある品種の開発が進み，農研機構では有限伸育性品種の開発に取り組んだ．続いて，公設機関，民間が場合によっては共同研究等で協力し，時には同じ特性をもつ品種を開発するような競争によって，そば育種が進んだ．表 2.4 には公設機関，農研機構の開発した品種，表 2.5 には個人，民間機関が開発した品種を示した．表 2.4 には 26 品種，表 2.5 には 10 品種がある．ここでは，普及程度，育種方法の要諦に応じて，重要な品種をピックアップして説明する．また，表 2.6 にはそば産地である長野県の育成品種を取り上げた．

(1) 有限伸育性品種

有限伸育性は 1970 年代にロシア（旧ソ連）で研究が続けられてきた．そばは

無限花序のため，花がだらだらと咲き続け，成熟が揃わないため，収穫物に完熟，未熟の種子が混ざり，結局は製品として低収量となる．その欠点の改善のために有限花序の新品種が求められた．「キタノマシュウ」は農研機構が「キタワセソバ」の集団から有限伸育性個体を選抜，育成し，北海道の優良品種となり，農林4号として命名登録された有限伸育性品種である．その他，道内のそば産地である幌加内町（ほろかない）が類似した方法で育成した「ほろみのり」がある．また，長野県が最近「信州S12号」を育成したが，これも有限伸育性品種である．しかし，有限性品種は，有限花序で分枝の生育が旺盛で，そのために開花，成熟の揃いは従来品種とほとんど変わらなかった（俣野，1990）．

(2) ソバベと病耐性品種

生育初期にそばがソバベと病にかかると生育が停滞し，低収量となる．海外では，ロシア，スロベニア，ポーランド，カナダなどで発病の報告があり，これらの地域は高緯度地域の夏そば栽培の地帯である．北海道でも報告があり，耐性・抵抗性品種の開発が待たれていた．「キタユキ」はソバベと病に耐性がある我が国唯一の品種である（本田他，1994）．北海道でソバベと病が多発状況になることはなく，結果的に普及は限定的な地域にとどまった．

(3) 高ルチン品種

機能性成分のルチンは作物ではそば類にのみ含まれ，普通種そばでは10～30 mg/100 g 程度含まれる．タカノ（株）の開発した「サンルチン」は「牡丹そば」の3倍のルチンが含まれる．また，農研機構は15 mg/100 g 程度で標準品種の「信濃1号」よりルチン含量が高い「とよむすめ」を育成した．これらの品種はルチンに注目した品種の嚆矢であったが普通種そばよりさらにルチン含量が1000～2000 mg/100 g あるダッタン種そばがポピュラーになると，ルチン高含量食品としてはダッタン種そばに譲ることになった．

(4) 赤花品種

日本のそばの花は白が一般的であるが，そばの起原地である中国南部からネパール，ヒマラヤにかけてはピンクから赤の花をつける集団がある．特にネパールには極めて濃い赤の花をつけるものがあって，信州大学とタカノ（株）はネパールの遺伝資源から選抜し，「高嶺ルビー」を育成した．これとは別に，トモノアグリカ（株）や個人の育種家は「島田スカーレット」，「信永レッド」を育成した．「高嶺ルビー」については赤花を求める地域団体が多いこともあり，2011年

には再選抜して「高嶺ルビー2002」として品種登録された．赤花品種については，日本の品種，在来種に影響を与えるとの危惧もあった（俣野，1990）が，地域特産，村おこしなどで栽培する地域，団体もあり，需要は一定程度あるため，最早消えることはないと考えられる．

(5) 自花受粉品種

1990年代，京都大学グループにより自殖性の自家受粉のそばの近縁種 *F. homotropicum* が雲南省で発見された．これを普通種そばに導入して自殖性品種を開発しようと企てられた．その中で，自家受粉品種に関してはテクニカルな用語の使用に混乱を引きずっている．諸外国ではこの *homotropicum* のもつ特性を英語で self-polinating とよぶのが一般的である．この語について国内では自花受粉，自殖性もしくは自家和合性（self-compatible）などの訳語をあてている．self は自身という意味で，自花もしくは自家に相当する．polinating は受粉である．本項では自家受粉という語を採用する．

これまで花が咲けば同じだけ実る自殖性をそばに導入する試みはあった．まず，ダッタン種そばに目が向けられたがことごとく失敗した．近年，交配に成功した報告があったが，自殖弱性のため維持が困難であったという．

そば研究者の多くが，自殖性の導入により，低収からの脱却，メジャーな作物への脱皮を図れるものと信じた．実際の品種開発はカナダが先行した．カナダの Kade Research Ltd. において自家受粉品種「KOMA」が開発された．「KOMA」は，報告によると1/3が自家受粉で，残りの2/3は自家受粉ではない．また，農研機構では中母農1号が開発されたが自殖弱性が甚だしく，実用レベルに達していない．つまり，日本国内だけでなく世界のそば研究者が100％自家受粉品種開発に成功していない．

(6) 各県向き品種

以上のような特徴ある品種とは別に，各県で独自に品種開発を行う動きがみられるようになった．

・長野県：　長野県では，いわゆる信州そばのブランドがあり，県の農業試験場で「信濃1号」以来，多数の品種が開発されている（表2.6）．特に，2002年より2015年まで国の指定試験制度というシステムで運営され，研究費に国庫補助金があてられ推進されたため，強力に育種が進められた．つまり，「タチアカネ」以降の品種は国の税金が投じ

られている．ここで注意したいのは，「信州ひすいそば」ブランド
との仕分けである．「信州ひすいそば」の名称は長野県の登録商標で，
それを利用するには長野県の許諾が必要となる．一方で，その母材
となる「長野 S8 号」，「長野 S11 号」は国庫補助により育成した品
種であり，長野県外の農業者も長野県へ手続きすれば，栽培し収穫
することが可能である．しかし，「信州ひすいそば」ブランドは使
用できないため，新たなブランドが必要である．

・福井県：　　福井県は，そば産地としての重要性を鑑み，県内の在来種の特性
を調査し，優れていた「美山南宮地在来」と「大野在来」に選抜を
加え，県の推奨品種とした．ここで，在来という名称を尊重したた
め，登録品種とはしなかったが，農業試験場で選抜を加え，その後
公設機関でその種子を維持するという点については，それまでの品
種と何ら変わらない，つまり登録されていないが従来型の在来種か
ら選抜された品種群，例えば「キタワセソバ」や「常陸秋そば」と
変わらない育種経過である．昨今，在来種を偏重する動きがみられ
るが，福井県の 2 つの在来種は，単なる農家から収集してきた遺伝
資源的な「在来種」とは全く異なるものであることを指摘しておき
たい．結論的には，福井県のそば生産は行政主導で推奨品種の種子
の生産によって栽培振興が行われている．

・山形県：　　山形県もまたそば産地として有名である．「最上早生」ブランドに，
大粒の「でわかおり」と続き，新たに「山形 BW5 号」が開発された．

表 2.6　長野県で育成されたそば品種（2020 年 2 月現在）

品種	出願年等	育成機関	来歴等	予算
信濃 1 号	1944	長野県農業試験場	福島県在来種より選抜	県単*
しなの夏そば	1979	長野県中信農業試験場（現長野県野菜花き試験場）	「木島平在来」からの選抜（未登録品種）	県単
開田早生	2002	長野県中信農業試験場（現長野県野菜花き試験場）	「開田在来」から選抜	県単
タチアカネ	2009	長野県	「臼田町在来」からの選抜	国庫補助
長野 S8 号	2012	長野県	「関東 1 号」×「信濃 1 号」	国庫補助
長野 S11 号	2018	長野県	長野 S8 号の有限伸育性	国庫補助

＊：県単事業とは，地方公共団体が国の補助を受けずに，地方税や地方債などの自主財源を使って，そ
の団体の自主的な判断に基づき行う事業のこと．

・島根県：　島根県は「出雲そば」ブランドで有名だが，そばの産地としての
　　　　　　知名度は低かった．しかし，地元そば店などから地元産そばの生産，
　　　　　　提供が強く求められ，島根県では在来種等より選抜し，「出雲の舞」
　　　　　　を育成した．
・宮崎県：　これまで南九州（宮崎県，鹿児島県）の品種は四倍体の「みやざ
　　　　　　きおおつぶ」であったが，前記のように四倍体そばは製粉歩留まり
　　　　　　が悪く，実需者の評判は決して良くなかった．そして安定して供給
　　　　　　されてきた品種は鹿児島県の「鹿屋在来」であった．しかし，宮崎
　　　　　　県も著名なそば産地であり，独自品種の開発が求められてきた．「鹿
　　　　　　屋在来」から選抜されたのが「宮崎早生かおり」である．

d.　ダッタン種そば品種

ルチンは血圧降下作用がある機能性成分として知られ，そばに含まれる機能性

表2.7　ダッタン種そば品種（2020年2月現在）

品種	育成年	育成機関	備考
信永イエロー	2000	個人	
北海 T8 号	2001	北海道農業研究センター（農研機構）	「ダッタン種（Rotundatum）」からの選抜
北陸 4 号	2005	中央農研北陸センター（農研機構）	Rotundatum からの選抜
気の力	2006	信州大学，タカノ(株)	
気の宝	2006	信州大学，タカノ(株)	
気の豊	2006	信州大学，タカノ(株)	
大禅	2007	トキタ種苗(株)，個人，日穀製粉(株)	
北海 T9 号	2007	北海道農業研究センター(農研機構)	「ダッタン種」の四倍体
北海 T10 号	2007	北海道農業研究センター(農研機構)	「北海 T8 号」の自然突然変異の選抜
信濃くろつぶ	2009	信州大学，タカノ(株)	
達磨だったん	2011	農業生物資源研究所(農研機構)	「北海 T8 号」のガンマー線照射の変異体
イオンの黄彩	2011	農業生物資源研究所(農研機構)	Rotundatum 種子にヘリウムイオン照射変異体
満天きらり	2012	北海道農業研究センター(農研機構)	「f3g162」×「北海 T8 号」
西のはるか	2016	九州沖縄農業研究センター(農研機構)	Rotundatum 種子に変異処理選抜

成分として言及されてきた．しかし，普通種そばのルチン含量は決して高いもの
でなく，その 100 倍近く含まれるダッタン種そばが注目されるようになった．中
国で食利用ばかりでなく，機能性の研究（林他，1992）も行われ，糖尿病患者の
空腹時血糖を上げない作用が明らかになった．俄然，ダッタン種そばに衆目が集
まるようになった．中国ではダッタン種そばより製造された機能性食品が多々あ
る．

　日本でのダッタン種そば栽培は 1980 年代に岩手県軽米町において始まった．
その後北海道道南地方で岩手県から導入した種子を用いて始まった産地と，商社
が輸入した種子を用いて始まった有機農業団体に大別される．その後，オホーツ
ク地域において農研機構が開発した品種を導入して拡大していった．北海道では
これら 3 地域がダッタン種そば栽培の嚆矢といえる地域である．その後，北海道
により「北海 T8 号」が奨励品種として普及され，農研機構育成品種が栽培を大
きく占めるようになった．その後，ルチン分解酵素無比活性の「満天きらり」が
開発され，作付面積を増やしている（5 章）．

　北陸農業試験場はジーンバンクより類似した品種から「北陸 4 号」を開発した．
また，農研機構九州沖縄農業研究センターでは「西のはるか」が育成された．こ
れまで育成されたダッタン種そば品種は表 2.7 に示した．ここでは，ダッタン種
そば品種が育成されたことの記述に留めおきたい．

2.3.3　育種の実際

　図 2.9 は交配育種におけるフロー図である．交配をし，集団の改良が行われる．
そばは他殖性であるため，個体選抜を続けることは遺伝的な背景を純化すること
になる．しかし，これは自殖弱性と裏腹の関係があり，弱性を引き起こさないよ
うなアイディアが必要である．集団から分離された「キタワセソバ」，「常陸秋そ
ば」はそれぞれ早熟特性や異形粒の排除など，全体の遺伝的背景に影響を及ぼさ
ない選抜を繰り返し，育成された．それに引き続く交配育種で誕生した品種も最
初の個体こそ個体選抜であるが，兄弟系統を同一試験区で選抜し，弱性を引き起
さないように世代更新していく．

　生育，集団が固定してきてから標準品種（北海道なら「キタワセソバ」，東北
北部なら「階上早生」など）と生産性を比較する．第一に生産性の向上が求めら
れるため，低収の系統は淘汰される．さらに数年次標準品種より優秀な系統（芽

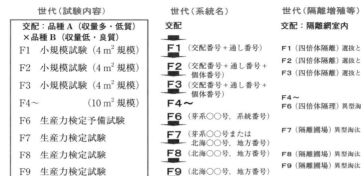

図 2.9　そばの育種方法（交配育種）

系〇〇号，盛系〇〇など）の系統番号から地方系統番号（北海〇〇号，東北〇号など）へ名称が変わり，公設試験機関での系統適応性試験に供試される（1〜3年程度）．そこで各道県から優秀な品種と判断されると，奨励品種決定基本調査（奨励品種決定試験）に供試され，公設試験研究機関（公設試）（3年程度）ならびに現地試験（2年程度）に供試される（表2.8, 2.9）．品種は育成研究機関でエリート品種を登録するように捉えがちだが，実は育成機関とは異なる第三者の外部機関の手に委ねられ，新品種が普及予定の現地においても試験される．さらに，品質評価ということで実需者，主に製粉会社，製粉団体等で試験される．ここで，そば店での評価が含まれないのかという質問をよく受けるが，そば店は店独自の手法で調理される傾向があり，普遍的な評価とならないためである．結論としては，地道でかつ極めて客観的な評価を経て品種となる．したがって，公設機関で開発された新品種はその普及当初から能力を発揮するのである．

2.3.4　今後の品種開発
(1)　今後の品種開発機関
そばは経営安定対策の有力作物として，菜種と共に，麦，大豆の次に位置づけられる土地利用型作物である．したがって，国庫補助金があてられる数少ない作物であり，そういう観点から国県などの国立研究開発法人，公設試が主導的な担い手であると考えられる．しかし，これらの団体，試験場は日々新たに見直しを

表2.8　キタノマシュウの成績

品種名	播種期 (月日)	開花期 (月日)	成熟期 (月日)	草丈 (cm)	分枝数 (/株)	花房数 (/株)	倒伏程度	脱全重 (/m²)	全重 (kg/10a)	子実重 (kg/10a)	同左比 (%) 標準播キタワ・七対比	同左比 (%) 各播種期キタワ・七対比	千粒重 (g)	容積重 (g/L)	製粉歩留 (%)	灰分 (%)	ルチン含量 (mg/100 g)	ショ糖含量 (mg/100 g)	検査等級
キタノマシュウ	5.20	6.26	8.10	106	2.6	8.5	1.2	37	635	224	122	99	30.0	631	54.9	1.06	9.8	392	2～3
キタワセソバ（標準）	5.20	6.26	8.10	108	2.1	8.2	2.0	63	517	226	123	100	29.4	610	57.3	1.09	14.1	486	3
キタユキ（比較）	5.20	6.26	8.22	120	2.5	12.1	1.0	70	521	170	93	75	28.2	654	57.0	1.06	11.7	447	規格外
キタノマシュウ	6.3	7.8	8.22	111	3.0	9.1	0.9	150	545	180	99	99	29.7	632	55.3	1.06	14.2	512	2～3
キタワセソバ（標準）	6.3	7.8	8.21	112	2.3	8.2	1.1	231	501	182	100	100	29.3	601	55.5	1.02	16.7	483	3
キタユキ（比較）	6.3	7.9	8.30	125	2.7	12.0	1.0	223	464	147	81	81	27.7	643	55.6	1.01	12.0	461	規格外
ほろみのり（参考）	6.3	7.8	8.22	80	2.9	9.0	0.9	312	452	159	87	87	28.5	636	54.3	1.07	11.8	403	2～3
キタノマシュウ	6.20	7.23	9.2	111	2.7	7.9	1.9	72	489	175	96	95	29.8	648	56.3	1.11	13.0	510	2～外
キタワセソバ（標準）	6.20	7.23	9.1	114	2.2	8.9	2.7	89	450	184	101	100	29.6	638	56.5	1.08	15.5	415	3～外
キタユキ（比較）	6.20	7.23	9.11	132	2.5	13.1	2.8	172	450	142	78	77	27.3	659	57.1	1.17	13.3	531	規格外
キタノマシュウ	7.4	8.3	9.12	107	2.8	8.7	2.3	90	454	174	96	108	30.3	665	56.7	1.15	11.1	459	2～3
キタワセソバ（標準）	7.4	8.3	9.12	117	2.5	10.1	2.8	124	387	161	88	100	29.2	636	57.0	1.01	13.3	469	3～外
キタユキ（比較）	7.4	8.4	9.17	122	2.8	12.9	2.8	152	422	135	74	84	27.7	657	56.0	1.13	10.1	515	規格外

注）倒伏程度（無：0～甚：5）

表 2.9　キタノマシュウの食味試験成績

品種名	そば粉水分 (%)	加水率 (%)	色	香り	味	食感 かたさ	そばらしさ	合計
キタノマシュウ	10.1	55.5	14.5	14.2	14.3	14.6**	14.8**	72.3**
キタワセソバ（標準）	10.3	55.1	14.0	14.0	14.0	14.0	14.0	70.0
キタユキ（比較）	9.9	52.8	13.7	14.2*	14.3	13.3	13.4	68.7

注）　食味官能検査は日本蕎麦協会（1989）方式による.
*, **：それぞれ，t 検定により 5%および 1%水準で標準に対して有意差あり.

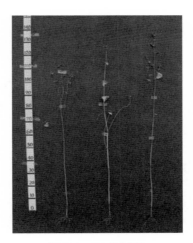

図 2.10　草本標本写真
左：キタノマシュウ，中央：キタワセソ
バ（標準），右：キタユキ（比較）.

される対象であり，組織改編が頻繁に行われる．これは，国民の税金で運営され
ている公設機関として当然である．したがって，そばの研究が未来永劫続く保証
はない．その中で，研究者はモチベーションを高めてそばの研究を実施するため，
研究対象が育種に留まらない傾向があり，育種に貢献するような基礎研究が興味
対象になる場合が多い．また，県の育成した品種の事由利用に若干の障害もある．
つまり，他県の予算で育成した品種は県外への流出を避ける傾向があり，また新
品種においては農家の種子更新を認めない場合もあり，結局はほとんど同じ特性
であっても，片方は登録品種，他方は在来種として流通する場合もある．今後は，
品種開発は国立研究開発法人の先導ではなく，実際の育種場面においては長野県，

山形県などの産地に位置する県における公設機関が主役となると考えられる.

(2) 今後の品種開発の目標

　生産や消費拡大に貢献するような即効的かつ具体的な目標を見いだすのは困難である. そばの生育期間は約 2〜3 ヶ月と短く, その期間の気象条件によって大きく変動する. つまり, 収量の年次変動が激しく, しかもそれが低収方向に大きく振れることが多々ある. このような特性をもつそばには安定した多収能力を発揮されることが求められている. また, 1 つの品種で日本全国を網羅することはできない. 各地域に適した品種がいくつか開発されてきた. 既存の農研機構の育成品種に加えて県独自の品種がカバーする体制が続くと考えられる.

　そばの育種における目標は美味しさ, 差別化された味, というようなある意味漠然としたものである. これまでも, 機能性や有限伸育性, 自家受粉, 赤花など, 様々な特性の開発が試みられたが, その特性で品種を置き換え, 統一されるようなことはなく, 結果的に現実的に美味しい国産品種というような特性に集約していった.

　国産のそば, 日本農業の基幹であるそばを守り発展させていくことが必要である. 現在, 種苗法で品種の知的財産は守られている. 知的財産というと, 特許と類似したものであって, 開発者の利益のようなイメージをもってしまう. しかし, 知的財産は国の手により保護されるということであり, 外国への流出を防ぎ, 結果として日本農業を守る意義をもつ. 逆に, 知的財産のない, 在来種, そもそも登録のない古い品種, 登録期限切れの品種などでは, グローバル化した日本においては不断に外国への流出することが起こる. そして, 逆輸入という形で日本の農業, そば生産の首を締める結果となるのである. 国産そばの振興を図り, 日本農業を守るためには是非登録品種を利用してほしい. 登録品種を利用することにより, 許諾料が品種開発機関への開発研究費としてフィードバックされ, さらに新たなそば研究の推進につながる. 未登録の在来種, 品種は結局のところ, 外国への流出を促し, 輸出国での日本向けそば生産を促す結果になる. 登録されたそば品種を利用することが国産そばを守る方策である.　　　　　〔本田　裕〕

文　　献

Amelin, A. V. et al. (2020) Higher yielding varieties of common buckwheat (*Fagopyrum esculentum* Moench.) with determinate growth habit (single mutation det) manifest higher photosynthesis rate at stage of grain filling. *Acta Agric. Slov.*, **115**(1), 59-65.

Germ, M. et al. (2019) The temperature threshold for the transformation of rutin to quercetin in Tartary buckwheat dough. *Food Chemistry*, **283**, 28-31.

本田　裕他 (1994) ソバ品種「キタユキ」の育成とその特性. 北海道農業試験場研究報告, **159**, 11-21.

本田　裕他 (2009) ソバ品種「キタノマシュウ」の育成とその特性. 北海道農業研究センター研究報告, **191**, 41-52.

Ikeda, K. et al. (2017) Tartary, but not common, buckwheat inhibits α-glucosidase activity: Its nutritional implications. *Fagopyrum*, **34**, 13-18.

犬山　茂他 (1994) ソバ品種「キタワセソバ」の育成とその特性. 北海道農業試験場研究報告, **159**, 1-10.

Kasajima, S. et al. (2016) Characteristics relating to the seed yield of determinate common buckwheat (*Fagopyrum esculentum* 'Kitanomashu'). *Fagopyrum*, **33**, 1-5.

川村季夫 (1955) 高知秋蕎麦. 農作物品種解説, 305-312, 農業技術協会.

Kreft, I. (1989) Breeding of determinate buckwheat. *Fagopyrum*, **9**, 57-59.

Likar, M. et al. (2008) Mycorrhizal status and diversity of fungal endophytes in roots of common buckwheat (*Fagopyrum esculentum*) and Tartary buckwheat (*F. tataricum*). *Mycorrhiza*, **18**(6-7), 309-315.

Lin, R. (1992) Clinical application of composite Tartary buckwheat flour on hyperglycemia and hyperlipidemia. *Advances in Buckwheat Research*, 458-464.

俣野敏子 (1990) ソバに関する最近の研究―世界の動向. 日本作物学会紀事, **59**(3), 582-589.

Matano, T. and Ujihara, A. (1980) Differentiation of agroecotypes of *Fagopyrum esculentum* in Japan. In: Kreft, I. et al. (eds.), *Buckwheat Symposium Ljubljana, Suppl.* vol. 1, pp. 7-12. University of Ljubljana.

永島五郎 (1955) 栃木1号. 農作物品種解説, 308-309, 農業技術協会.

中川悦男他 (1985) ソバ新奨励品種「常陸秋そば」について. 北海道農業試験場研究報告, **25**, 29-35.

Ohnishi, O. (1990) Discovery of the wild ancestor of common buckwheat. *Fagopyrum*, **11**, 5-10.

Ohnishi, O. (1998a) Search for the wild ancestor of buckwheat I. Description of new *Fagopyrum* (Polygonaceae) species and their distribution in China and the Himalayan hills. *Fagopyrum*, **15**, 18-28.

Ohnishi, O. (1998b) Search for the wild ancestor of buckwheat III. The wild ancestor of cultivated common buckwheat, and of Tatary buckwheat. *Econ. Bot.*, **52**, 123-133.

Ohnishi, O. and Matsuoka, Y. (1996) Search for the wild ancestor of buckwheat II. Taxonomy of *Fagopyrum* (Polygonaceae) species based on morphology, isozymes and cpDNA variability. *Genes Genet. Syst.*, **71**, 383-390.

Ohsako, T. and Chengyun L. (2020) Classification and systematics of the *Fagopyrum* species. *Breed. Sci.*, **70**(1), 93-100.

Steward, A. N. (1930) The Polygonaceae of eastern Asia. *Contl. Gray Herb.*, **88**, 1-129.

Stojilkovski, K. et al. (2013) Fagopyrin and flavonoid contents in common, Tartary, and *cymosum* buckwheat. *J. Food Compos. Anal.*, **32**, 126-130.

Suvorova, G. (2016) Interspecific Crosses in Buckwheat Breeding. In: Zhou, M. et al. (eds.), *Molecular breeding and Nutritional Aspects of Buckwheat*, pp. 87-97, Elsevier.

Suzuki, T. et al. (2014) Breeding of "Manten-Kirari", a non-bitter and trace-rutinosidase variety of
　　Tartary buckwheat (*Fagopyrum tataricum* Gaertn.). *Breed. Sci.*, **64**(4), 344-350.

田中　稔 (1955) 階上早生. 農作物品種解説, 308, 農業技術協会.

氏原暉男 (1984) 第17章　そば. 新編農作物解説, 303-308, 農業技術協会.

浦野啓司 (1955) 信濃1号. 農作物品種解説, 309, 農業技術協会.

山崎義人 (1955) 第13章　蕎麦. 農作物品種解説, 305-307, 農業技術協会.

吉野至徳 (1955) 牡丹蕎麦. 農作物品種解説, 307-308, 農業技術協会.

3 そばの栄養学

　そば粉には，ヒトの健康の保持・増進にかかわる様々な成分が含まれている．ここでは，含まれる量の多い主要成分と，含まれる量が少ない微量成分とに分けて，それぞれの栄養学的な特徴について論述する．

　一般に，食品の成分を論じるときには，栄養素と，栄養素ではない成分との相違を理解することが必要である．食品中の栄養素というのは，私達が摂取した後に，私達の身体に同化して健康保持をする機能を有する成分をいい，これに属するものは，①タンパク質，②炭水化物のうちの利用可能炭水化物，③脂質，④ビタミン，⑤ミネラルであり，五大栄養素という．これら以外に，非栄養素，抗栄養素（または有害成分）というものがある．炭水化物のうちの食物繊維やポリフェノールは非栄養素とよぶ．抗栄養素とは食品中に含まれる私達の健康を阻害するような成分をいい，大豆などに含まれる消化阻害因子や，ジャガイモの芽に含まれるソラニンなどは代表的な抗栄養素である．

　栄養学的な特徴という場合には，量と質の2つの面から理解することが必要である．量的特徴については，標準的な摂取量（そば切りなら200〜350 g など）から考えて，他の食品に比べて多いか少ないかであり，その点から，例えばそばは主要な供給源になるのか否かが判断できる．一方，質的特徴も今日の栄養学では重要となる．食品を摂取した後，口腔内咀嚼・消化，胃消化を受け，腸で消化・吸収され，消化管から体内に取り込まれた食品の成分が有効に利用されるのかという概念であり，これを生体利用効率（バイオ・アヴェイラビリティ）という．例えば，牛乳に含まれるカルシウム（Ca）は高い生体利用効率を示すが，一方でほうれん草中の Ca の生体利用効率は低い．これは，牛乳中のタンパク質が胃内消化されると Ca の吸収を促進する成分（カゼインホスフォペプチド（CPP）

といい，今日特定保健用食品などに利用され，添加されている）が生じ，一方で
ほうれん草中には Ca の吸収を阻害するシュウ酸が含まれるためである．シュウ
酸は，生のほうれん草を食すると歯の Ca に結合しザラザラ感を生じさせる成分
で，この化学反応が消化管内で起こり，シュウ酸に結合した Ca が大便中に排泄
される．生体効率を左右する因子には 2 つあり，1 つは生体ホスト因子，つまり
生体自身が当該栄養素を要求しているか否か（例えば貧血気味の人の鉄の吸収は
上昇する），2 つ目は食品共存因子（上の CPP やシュウ酸など）である．このた
めに現今の栄養学では消化吸収率，体内保留率などで数量的に表現される．

❮　3.1　そばの主要成分の栄養特性　❯

3.1.1　タンパク質

　そば粉は，穀類の中では，比較的タンパク質に富んだ食品である（表 3.1）．特に，
表層部分には多く含まれるために，表層粉や全層粉のタンパク質含量は高く，一
方内層粉の含量は低い．この点がそば粉のタンパク質の量的特徴である．
　一般に，表 3.2 のように，食品タンパク質は，溶解性の観点から 5 つのタンパ
ク質に分類される．つまり，水に溶けるアルブミン，塩水に溶けるグロブリン，
70 ％アルコールに溶けるプロラミン，酢水に溶けるグルテリン，すべての溶媒に

表 3.1　そばと他の穀類の成分（主要成分）（可食部 100 g あたりの量）[*1]

食品名		エネルギー (kcal)	水分 (g)	タンパク質 (g)	脂質 (g)	炭水化物		灰分 (g)
						食物繊維総量 (g)	利用可能炭水化物[*2] (g)	
そば粉	全層粉	339	13.5	12	3.1	4.3	67.3	1.8
	内層粉	342	14	6	1.6	1.8	76.8	0.8
	中層粉	334	13.5	10.2	2.7	4.4	68.9	2
	表層粉	337	13	15	3.6	7.1	60.5	3.3
そば米		347	12.8	9.6	2.5	3.7	71.8	1.4
小麦粉	薄力粉 1 等	349	14	8.3	1.5	2.5	74.1	0.4
	強力粉 1 等	337	14.5	11.8	1.5	2.7	70.1	0.4
米（水稲穀粒）	精白米	342	14.9	6.1	0.9	0.5	78.1	0.4

[*1]：食品成分表（文部科学省，2020）から引用．
[*2]：差し引き法による利用可能炭水化物（100 g から水分，タンパク質，脂質，食物繊維総量，その他
　　の微量成分を差し引いて算出）．

表 3.2 そばとその他の穀類のタンパク質組成

	アルブミン (水に溶けるタンパク質)	グロブリン (塩水に溶けるタンパク質)	プロラミン (70%アルコールに溶けるタンパク質)	グルテリン (酢水に溶けるタンパク質)	不溶性窒素残渣
そば[*1]	18.2%	43.3%	0.8%	22.7%	15.0%
小麦[*2]	11.1%	3.4%	33.2% (固有名称としてグリアジンとよぶ)	13.6% (固有名称としてグルテニンとよぶ)	33.4%
米[*3]	2—5%	2—10%	1—5%	75—90% (固有名称としてオリゼニンとよぶ)	—
トウモロコシ[*4]	7%	5%	52% (固有名称としてツェインとよぶ)	25%	11%
大麦[*3]	3—4%	10—20%	35—45%	35—45%	—

小麦粉にはグルテンという成分があるが,これは小麦粉中のグルアジン,グルテニンおよび不溶性窒素残渣から形成され,小麦タンパク質の約80%を占める.
[*1]:Javornik and Kreft, 1984.
[*2]:Bushuk and Wringley, 1974.
[*3]:森田,1984
[*4]:Stanley, 1987.

溶けない不溶性窒素残渣,の5つに分類される.そば粉はグロブリン,アルブミンが多く含まれ,その合計量が過半を占めるという特徴があり,米,小麦,トウモロコシなどとは,組成上明らかに異なっている(表3.2).ところで,日本標準食品成分表2020年版(八訂)(文部科学省,以下食品成分表)には,穀類の項目には14種の穀類が掲載されている.そのうち,タデ科ソバ属のそばと,ヒユ科ヒユ属のアマランサス,ヒユ科アカザ亜目アカザ属のキヌアとが真の穀類ではなく,正式には擬似穀類または擬穀類(pseudo-cereal)とよばれる.米,小麦などの他の11種は,イネ科に属する真の穀類(true cereal)である.そばは,食品学上は穀類であるが,植物学的にはイネ科の植物とは異なるのである.したがって,表3.2のタンパク質組成におけるそばと,小麦や米との違いは植物学的な相違に基づくと考えられる.

　一方,小麦の主要タンパク質は,主に2つのタンパク質,つまりプロラミンとグルテリンから成る.ただし,小麦の場合は,特有の呼び方があり,プロラミンをグリアジン,グルテリンをグルテニンとよぶ.そして,この2つのタンパク質が結合したものを,グルテンとよぶ.グルテンには特有の粘弾性があり,パンや

♠ コラム3　そば粉は風邪をひく ♥

　「そば粉は風邪をひく」と古来よくいわれる．そば粉を挽いた後放置すると，香りが薄れ，粉がボソボソとなり食感が低下するように変質することをいう．そば粉には，他穀類とは異なり，グロブリン，アルブミン系のタンパク質が多く含まれ，これらのタンパク質には，変質にかかわる酵素（アミラーゼ，リパーゼ，リポキシゲナーゼなど）が含まれている．挽き立てのそば粉が美味だといわれるのは，この所以である．一方，小麦の場合，小麦粒を収穫後放置し，さらに製粉後数時間放置した方が製パン性の向上することがよく知られており，そば粉とは大いに異なる点が興味深い．これに関連して，そば粉の伝統的な貯蔵方法の1つとして，「木鉢下」とよばれる方法がある．これは製粉したそば粉が変質しやすいために，小麦粉と混合して木鉢下に保存する方法である．穀類粉は，貯蔵中に環境下の水分量に応じて水分の脱着を行っているが，小麦粉の水分吸着能がそば粉に比べて極めて大きく，このため余分の水分がそば粉に付着せず，そば粉の劣化を防ぐと考えられている．そば粉の水分量が低下すると，上記の酵素作用が低下するので，品質が低下しない．巧妙に考えられた伝統的な貯蔵法であると考えられる．

〔池田清和〕

麺などの特有の食感を生み出している．しかし，このグルテンに対する免疫反応により吸収不良や腸の炎症を起こすグルテン誘発腸症（セリアック病）が知られており，小麦を多く摂取するヨーロッパで問題になっている．ヨーロッパでは人口の約1%が罹患しているといわれ，英国では300人に1人の頻度で発症し，またイタリア人では約600万人程度発症していると推定されている．この疾患の患者は，小麦粉に替わる代替食品，いわゆるグルテンフリー食事・食品に大きな関心がある．プロラミンがほとんどないそば粉は，このような代替食品になり得るので，そば加工食品の利用に関心がもたれており，グルテンフリー食品として利用されている．

　他方，そば粉には，上述の通り，グロブリン，アルブミンが多く含まれるが，これらのタンパク質には，酵素などの生物活性なタンパク質が多い．このことは，そば粉が貯蔵に伴って変化しやすいことと密接に関係している（コラム3）．

　一般に，食品タンパク質の栄養価，つまり質的特徴は，2つの側面から評価できる．1つは，食品タンパク質を構成している不可欠アミノ酸組成からの評価で

ある．もう1つは，消化吸収性に基づく評価である．ヒトは生きていくために
アミノ酸を必要とする．私達の身体の半分のタンパク質は，約80日間で入れ替
わり，尿から排泄されたり，エネルギーなどに形を変える．このために食事から
しっかりと日々タンパク質を摂取しなければならない．タンパク質を構成するア
ミノ酸には20種類のアミノ酸がある．このうちヒトの身体では合成できず，必
ず食品から摂取しなければならない9種類のアミノ酸があり，これを不可欠アミ
ノ酸（indispensable amino acid, IAA）という．IAA組成からの質的評価では，
ヒトが必要とする各不可欠アミノ酸の量はそれぞれ異なるため，それぞれの量を
100として基準パタンが制定されている．基準パタンには，3種類あって，1973
年FAO/WHO，1985年FAO/WHO/UNU，2007年FAO/WHO/UNUである．
3つの基準パタンがあるのであれば，最新のものを使用すればよいのではとも考
えられるが，3つのパタンはそれぞれ特徴があって異なっているので，今日でも
3つを併記して3つの側面から評価することが行われている．これらの基準パタ
ンと，食品に含まれる各IAA量を比較する，つまり〈被試験タンパク質中の各
IAA量÷基準パタンの該当IAA量×100＝計算値〉を9つ算出し，9つの計算値
中最も低い計算値になるIAAが当該食品の制限因子となるとして数値化したも
のをアミノ酸スコアという．例えば，9つのIAAの籤でつくる桶があり，桶に
水を入れたと想像し，最も低い数値を示す籤から水が漏れる，つまり最少値の籤
のIAAが全体の栄養価を決めると考えるのである．そば粉のアミノ酸スコアは
極めて良好で，1985年パタンおよび2007年パタンでは100，つまり欠点がなく，

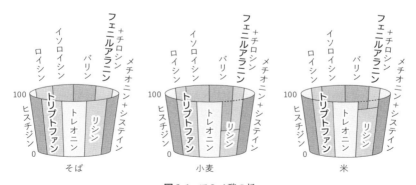

図 3.1　アミノ酸の桶
アミノ酸スコアは9つのIAAから評価する．IAAは1985年以前は8つ，1985年に9つになっ
た．そば粉には不足する不可欠アミノ酸がないのでアミノ酸スコアは100である．

表3.3　そばとその他の穀類のタンパク質栄養価

	アミノ酸スコア[*1]			消化吸収率 （ヒト）[*5]
	1973 年 FAO/WHO パタンによる評価[*2]	1985 年 FAO/WHO/UNU による評価[*3]	2007 年 FAO/WHO/UNU による評価[*4]	
そば・全層粉	92（イソロイシン）	100	100	85%
小麦・強力粉	38（リシン）	36（リシン）	49（リシン）	96%
精白米	65（リシン）	61（リシン）	93（リシン）	88%
トウモロコシ	55（トリプトファン）	47（トリプトファン）	44（リシン）	—

*1：科学技術庁資源調査会編，「改訂日本食品アミノ酸組成表」，1986. （　）内は，それぞれの食品の
　　第一制限アミノ酸. ヒトの不可欠アミノ酸は，バリン，ロイシン，イソロイシン，トレオニン，含
　　硫アミノ酸，芳香族アミノ酸，トリプトファン，リシン，ヒスチジンの9種.
*2：FAO（食糧農業機構）/WHO（世界保健機関）1973年パタンに基づく評価.
*3：FAO/WHO/UNU（国連大学）1985年パタンに基づく評価.
*4：FAO/WHO/UNU（国連大学）2007年パタンに基づく評価.
*5：科学技術庁資源調査会編，「四訂日本食品標準成分表」資料，1982.

　ここには掲載していないが100を示す牛肉や牛乳にIAA組成上匹敵する. 特に，
小麦粉や精白米に比べてスコアがかなり高いという特徴がある（表3.3）. 他の
穀類（つまり真の穀類）に不足しがちなリシンに富んでいる点にも特徴がある.
　前述の通り，食品のタンパク質の栄養価は，1つにはIAAの良否をみるアミ
ノ酸スコアと，もう1つは消化吸収性から判断する. 表3.3にみられるように，
そば全層粉は，小麦，精白米，トウモロコシに比べて，極めて良好である.
　一方，もう1つの食品タンパク質の評価は，消化吸収性に基づき，ヒトの体内
に利用されるか否か，つまり生体利用効率をみるものである. 表3.4は，実際に
測定されたヒトの消化吸収率（20歳代の男女約220名で測定）を示しており，食
品成分表のエネルギー項を作成するために実施された実験による大変貴重なデー
タである. そば粉の場合は3つの食品中最も低く，難消化性であることがわかる.
このようなタンパク質をレジスタントプロテイン（難消化性タンパク質）とよぶ.
今日，レジスタントプロテインの存在が明確な食品として，そば，大豆，酒粕な
どがよく知られている. このようにそば粉のタンパク質の消化吸収性が低い理由
として，1つにはタンニン（ポリフェノール）や消化酵素の阻害因子が含まれる
ことと，もう1つにはタンパク質自体が難消化性であると考えられることがある.
この2点が相まって消化性が低くなっていると考えられている（Ikeda, 2002）.

表 3.4　そばと他の穀類の成分（微量成分）（可食部 100 g あたりの量）

食品名		ナトリウム	カリウム	カルシウム	マグネシウム	リン	鉄	亜鉛	銅	マンガン	ヨウ素	セレン	クロム	モリブデン	E	B$_1$	B$_2$	ナイアシン当量	B$_6$	葉酸	パントテン酸	ビオチン
		ミネラル（必須主要元素）								ミネラル（必須微量元素）					ビタミン							
		(mg)	(mg)	(mg)	(mg)	(mg)	(mg)	(mg)	(mg)	(mg)	(µg)	(µg)	(µg)	(µg)	(mg)	(mg)	(mg)	(mg)	(mg)	(µg)	(mg)	(µg)
そば粉	全層粉	2	410	17	190	400	2.8	2.4	0.54	1.09	1	7	4	47	0.2	0.46	0.11	7.7	0.3	51	1.56	17
	内層粉	1	190	10	83	130	1.7	0.9	0.37	0.49	0	7	2	12	0.1	0.16	0.07	3.8#	0.2	30	0.72	4.7
	中層粉	2	470	19	220	390	3	2.2	0.58	1.17	0	13	3	43	0.2	0.35	0.1	6.8#	0.44	44	1.54	18
	表層粉	2	750	32	340	700	4.2	4.8	0.91	2.42	2	16	6	77	0.4	0.5	0.14	11#	0.76	84	2.6	38
そば米	—	1	390	12	150	260	1.6	1.4	0.38	0.76	—	—	—	—	0.1	0.42	0.1	6.9	0.35	23	1.53	—
小麦粉	薄力粉1等	Tr	110	20	12	60	0.5	0.3	0.08	0.43	Tr	4	2	12	0.3	0.11	0.03	2.4	0.03	9	0.53	1.2
	強力粉1等	Tr	89	17	23	64	0.9	0.8	0.15	0.32	0	39	1	26	0.3	0.09	0.04	3.1	0.06	16	0.77	1.7
	干そば乾	1700	130	17	19	70	0.6	0.4	0.11	0.5	0	10	1	12	0.3	0.08	0.02	2.5	0.04	9	0.45	1.3
米（水稲穀粒）	精白米	1	89	5	23	95	0.8	1.4	0.22	0.81	0	2	0	69	0.1	0.08	0.02	2.6	0.12	12	0.66	1.4

・食品成分表（文部科学省，2020）から引用．
・表中，Tr は微量を意味し，一は未測定を意味し，＃は文献等からの推定値である．
・食事摂取基準の制定されているミネラルは，表の 13 種がある．
・ヒトのビタミンには 13 種あるが，表には 8 種あるが，そばは 13 種を表示している．そばは，小麦粉および精白米には，ビタミン A（カロテンを含む），ビタミン D，ビタミン K，ビタミン B$_{12}$，ビタミン C の 5 種のビタミンは含まないために，表ではこれら 5 種のビタミンを省略している．

ところで,「消化吸収率が低いことは,ヒトの健康に良くないのか?」という疑問が生じる.以前の栄養学であれば「良くない.消化に良い食べ物を食べなさい」という結論になっただろうが,今日のように肥満が国民的な大きな問題となっている状況では,摂取した食べ物の成分が何もかも身につく必要はなく,むしろ適度に吸収しないほうが良いと考えられる場合が多い.一方で,栄養学も深化・進展してきて新しい知見が集積してくる.難消化性であるそばタンパク質は食物繊維と似た働きを示し,血中コレステロール低下作用などのヒトの脂質代謝改善効果など,有益な効果が示唆されている.この点は,今後さらに解明されることが大いに期待される.

さらにいえば,レジスタントプロテインに関して,後述するレジスタントスターチとも関連して,現在の栄養学において,レジスタントプロテインの中の何がレジスタントなのかという点が解明されていない.栄養学の歴史上,食品タンパク質は,表3.2のように,水などへの溶解性に基づいて分類されてきた.この分類は特徴をよく表現しており有用ではあるが,栄養学が深化・進展して,「レジスタント(難消化性)」という概念が登場してきた今日に,溶解性に基づく分類とは異なる,例えば,難消化性,易消化性などの観点から分類できないであろうか.このような分類は,食品タンパク質をさらに特徴づける可能性を秘めていると考えられ,このような分野のさらなる研究の発展が期待される.レジスタントプロテインを示すそばの研究者としての提案である.

3.1.2 炭水化物

文科省の食品成分表では,炭水化物は,食品成分の観点から①利用可能炭水化物,②食物繊維,③糖-アルコールの3つから成り立っている.一方,厚労省の食事摂取基準では,ヒトの消化性の観点から①は易消化性炭水化物であり糖質とよばれ,②は難消化性炭水化物であり食物繊維とよばれている.

a. 利用可能炭水化物

そば粉の利用可能炭水化物は,大部分はデンプンからなり,その他少糖類などが含まれる.デンプンは,最も多く含まれる主要成分である.そば粉のデンプン粒は,直径4〜15 μm の大きさである.植物体中のデンプン粒は,大きいもので100 μm 程度,小さいもので1 μm 以下程度(例:じゃがいもデンプン(平均粒径65 μm),ほうれん草デンプン(平均粒径2〜3 μm)など)があるが,そばは

比較的小さいほうである．米のデンプン（3～9 μm）よりは少し大きい．また，そばデンプンは，比較的容易に糊化され得る性質をもっている．アミロース含量が約25％であり，アミロペクチンが約75％である．そば粉デンプンの糊化開始温度は61℃である．糊化開始温度は食品デンプンの煮熟されやすさを示す1つの尺度であり，低いもので49.5℃（クワイデンプン）から高いもので71.0℃（エビイモデンプン）の範囲にあるが，そばデンプンは中間程度である．

グリセミックインデックス（GI）とよばれる概念が注目されている．GIとは，糖質食品を摂取した後の2時間の血糖値の上昇曲線を，基準食品（欧米では白パンまたはグルコースを100とし，我が国では白米を100とする）と比較して数値化したものである．GIは元来糖尿病の治療に考案されたものであるが，最近はダイエットなどの視点から注目されている．GI値の高い食品は，インスリン（脂肪組織に脂肪を同化させる作用がある）が多く分泌されて体脂肪の増加を導くので，GI値の低い食品が注目される．そば粉・麺は，GIの低い食品として知られている．そばのGIが低い要因にはレジスタントスターチ（RS）や食物繊維などが関与しているものと推測されるが，未だよくわかっているとはいえない．

食物繊維様の働きを示すRSが，そば加工食品，特に加熱調理したそば米に認められている．そば粉で調製したパンにもRSが少し認められるが，加熱調理後のそば米で顕著に認められる．実際，加熱そば米の摂取がインスリンの分泌を低下させることが示され，GIとの関係が示唆されている．

そばのデンプンと，セレン（Se，後述）について研究しているクレフトの研究を以下に紹介する：老化デンプン[1]とRSが，そば加工品に存在しており，これらに着目した．カーシャを調製するには，ヨーロッパの伝統的な方法として，外皮のついたままのそば穀粒を熱水処理する．このようなカーシャの製法が，スロベニア，クロアチア，チェコ，ポーランド，ウクライナ，ロシアなどの国々で何世紀にわたって受け継がれてきた．クレフトらは，そば穀粒をオートクレーブ（圧力釜のような機器）で120℃，1時間加熱処理をし，その後25℃で150分間放置した．この加熱と放置を3回繰り返すと，老化デンプンが明らかに増加することを認めた．老化デンプンとRSには大きな相関が認められ，老化デンプンのほと

1　米で例えると，精白米を炊飯すると，中のデンプン粒が壊れ米飯になる（中のデンプンが糊化する）．米飯を放置すると，デンプンが元のデンプンに似たように再配列して，硬くなることを老化という（つまり冷や飯が硬くなった状態をいう）．

んどが RS と考えられる．さらにクレフトとウィスランダーの共同研究で，そば
カーシャが，血糖値とインスリン要求性を低下させると考えられる研究成果を得
られ，そばカーシャが食後の代謝を健全にすると考えられたとクレフトの論文に
記述されている（Kreft et al., 2016）．

b.　食物繊維

　そば粉には食物繊維（総量）が多く含まれている（表 3.1）．食物繊維摂取量
は，メタアナリシスによって，心筋梗塞と循環器疾患の発症と死亡，脳卒中と 2
型糖尿病の発症，乳・胃・大腸各がんの発症，および総死亡率との間に有意な負
の相関が示されており（厚生労働省，2020），これらの疾患の予防や総死亡率低
減が期待される，魅力ある食品成分である．そば粉（全層粉）100 g には，4.4 g
の食物繊維が含まれ（表 3.1），精白米（0.5 g/100 g），小麦強力粉（2.7 g/100 g）
より多い．そば粉（全層粉）100 g に含まれる食物繊維の量は，男性の目標摂取
量（18〜64 歳，2020 年基準）21 g の約 21%，女性 18 g の約 24% を充足するこ
とができ，主要な供給源になり得る．そば粉 100 g を摂取するのは，そばがきや
ガレット，そば米のようなそばそのものを食する状態を想定すればよい．

c.　糖-アルコール

　炭水化物には，糖-アルコールという成分がある．糖-アルコールは化学的にい
うと，糖のアルデヒド基またはケト基が還元されアルコール基になったもので，
単糖ではソルビトールやキシリトールなどがある．そばには，ファゴピリトール
という糖-アルコール（1〜3 個の D-ガラクトースがイノシトールに結合した糖-
アルコール，少し甘みを呈する）が数% 含まれ，結合位置によって A1〜A3 と
B1〜B3 などの異性体があり，そば種子の乾燥や貯蔵性の保持のために含まれる
と考えられている．ファゴピリトールには糖尿病治療作用があるために，そば粉
から分離され，患者への利用が許可され医療に広く利用されている．なお，食品
成分表では，そばの糖-アルコール含量は測定されていない．

3.1.3　脂　質

　そば粉（全層粉）の脂質含量は可食部 100 g あたり 3.1 g である（文部科学省，
2020）．脂質を構成する脂肪酸には，必須脂肪酸（n-6 系および n-3 系の脂肪酸；
essential fatty acid, EFA）と称される脂肪酸がある．そば粉に含まれる脂肪酸は，
可食部 100 g あたり，n-6 系 EFA であるリノール酸（LA）950 mg，n-3 系 EFA

であるα-リノレン酸（α-LN）61 mg などからなっている（文部科学省，脂肪酸成分表 2020 年版，FAT）．穀類は一般に脂質含量は低いが，白米と小麦粉（強力粉 1 等）の脂質含量は各 0.9 g，1.5 g であり（文部科学省，2020），LA は各 300 mg，750 mg，また α-LN は各 11 mg，41 mg である（FAT）．そば粉の脂質含量および EFA は他穀類に比べて高いのが特徴である．一方，脂質は，食べ物のおいしさと密接に関係する成分である．そば粉はそれほど多くの脂質を含んでおらず，そのためにさっぱりとした味であり，そこに脂質の多い，かも肉や，にしん，てんぷらなどの食材が一緒になると，大変美味になる．

日本人は，世界一のレベルの長寿国であるが，世界で類をみない超高齢社会でもある．高齢者の多くは，高血圧症，脂質異常症，糖尿病などの生活習慣病に悩んでいることも事実である．生活習慣病とは，食事，運動，休養，喫煙，飲酒などの生活習慣が，その発症や進行に関与する病気と定義されている．中でも食事は重要な要因である．これに関連するのは脂肪エネルギー比率（fat energy ratio, FER）であり，これは 1 歳以上の男女で 20%以上 30%未満となっている（厚生労働省，2020）．ところが，FER が 30%を越えている人が，20 歳以上の男性で約 30%，20 歳以上の女性で約 44%となっている（厚生労働省，国民健康・栄養調査（令和元年））．脂質代謝異常（hyperlipidemia, HL）に罹患している人は，男性で 63 万 9000 人，女性で 156 万 5000 人であり（厚生労働省，2020），罹患率の男女差は FER を反映していると考えられる．いずれにしても，脂肪の摂り過ぎを意味している．特に，高齢者では，体内の脂質代謝が大きく低下し HL を罹患しやすく，一方でタンパク質欠乏がおきやすい．したがって，高タンパク質・低脂質の食事が望まれ，かも肉や魚，エビなどタンパク質に富むトッピングにした美味なそば料理をしばしば食することは，高齢者には大切だと考えられている．

❰ 3.2 そばの微量成分の栄養特性 ❱

3.2.1 ビタミン

そば粉には，ナイアシン，ビタミン B_1，ビオチン，パントテン酸，ビタミン B_6，葉酸などのビタミンが比較的多く含まれ，これらのビタミンの大切な供給源となっている（表 3.4，図 3.2）．特に，ナイアシンは多く含まれ，100 g のそば粉（全層粉）で，1 日の男性（30～49 歳）の推奨量（2020 年基準）15 mg の約

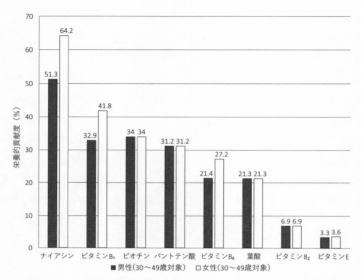

図 3.2　1 日の食事摂取基準（ビタミン）へのそば粉 100 g の栄養的貢献

本図は, 食品成分表（文部科学省, 2020）中の「そば粉全層粉 100 g 当たりの成分値（A）」を引用し, 日本人の食事摂取基準（2020 年版）（厚生労働省, 2020）の男女とも 30〜49 歳の食事摂取基準（B）を引用し,（A）/（B）×100 を求め栄養的貢献（%）として表示している. そば粉 100 g を摂取する食品としては, 茹でるような麺ではなく, そばがきや, 欧州のガレットのような粉をそのまま摂取する食品を想定している. そば粉には, ビタミン A, C. D, K, B_{12} は含まれないので, 図には入れていない. 一方, ビタミン E 以外の図中のすべてのビタミンは水溶性であるため, 生そば麺を茹でるとこれらのビタミンはそば湯に溶出しやすいので, そば湯はビタミンの大切な供給源となり得る.

51%, 女性（30〜49 歳）の推奨量 11 mg の約 64%を供給できる（図 3.2）. そば粉ではデンプンが主要成分となっている. デンプンが体内で燃焼するためには, ナイアシン, ビタミン B_1, ビタミン B_2, ビオチンが必要となるが, そばにはビタミン B_2 を除く 3 種のビタミンが他の穀類に比べて多く含まれているという特徴がある. 含量の低いビタミン B_2 の方は, マイクロフローラ（腸内細菌叢）が健全であれば細菌叢によって合成される. したがって, ビタミン量との観点からいえば, そば粉のデンプンは代謝されやすく, 単独の食品でエネルギーをつくりやすい食べ物といえる.

　一方, ビタミン B_1 に注目すれば, 欠乏すると脚気を発症する. 脚気は, 玄米ではなく美味な白米を食し出した元禄の頃から「江戸煩い」などと称されて, 大都会の江戸などで集中的に患者が発生した. 特に, 白米を食せるような上層階

級層に多発し,徳川将軍の数名は「江戸煩い」に伴う心不全で亡くなった(安本他,2013).「江戸煩い」と称されるように,参勤交代で江戸に行き白米を食すると患者が発生し,国元に戻り玄米やそばなどを食すると短時日の内に治ったといわれる(安本他,2013).たかが白米が発症させるのかと考えがちだが,この頃は「高盛り飯」と称され,今日の大人用茶碗7杯程度(約2000 kcal)を少ないおかずで食しており,高デンプン・少 B_1 食である.現代でも,即席ラーメン(白米同様に B_1 が少ない)を多食する大学生で脚気の発症が報告されている(島雄・高橋,1977).一方,そば粉(全層粉)には,精白米の約6倍量のビタミン B_1 が含まれている(表3.4).ビタミン発見の14年後に栄養研究所(現国立健康・栄養研究所)の藤巻了知は論文中に「昔から蕎麥粉は脚氣症に卓効があると稱せられて,現に井上博士は脚氣患者に蕎麥かきを用ゐてゐる,蕎麥粉からビタミン B を多量に攝收するといふ意味においては,麵にした蕎麥より蕎麥かきにして食する方が有効である,それはこのビタミンは水溶性のものであるから,沸騰させると幾分かは水に溶け去つて効を失ふためである」(藤巻,1924)と記述しており,脚気に対するそば粉の有用性を述べるとともに,実際に脚気患者に適用していることと,併せてその卓効ある有用性が「昔から」,つまり江戸時代の頃から知られていたと当論文から推察される.江戸でそばが普及し今日に至る背景には,「江戸煩い」に対する, B_1 に富むそば摂取の有効性が自然に流布し,やがて美味なそばが愛されるようになったと推論されている(新島・薩摩,1985;山下,1985).

　そば粉には,ビタミン B_6 と葉酸も比較的多く含まれる(図3.2).ビタミン B_6 に関しては穀類中で最も含量が高い(ただし米ぬか,小麦胚芽を除く).欠乏すると,脳波異常,うつ状態などが起こる.葉酸を欠乏すると動脈硬化の引き金になり,特に女性には重要で母体に欠乏があると胎児に無脳症を引き起こす.そば粉は,両ビタミンの良い供給源でもある.

　他方,そば粉にはビタミン A, C, D, K, C, B_{12} は実際上含まれない(表3.4)し,ビタミン E も含量が低い.そば粉は栄養的価値の高い優れた食べ物であるが,やはりそば料理は,我が国の伝統的な五味五色五法[2]をとりそろえるように,様々

2　五味五色五法とは,我が国の伝統的な調理の原則で,おせち料理のような晴れの日の料理法である.五味とは,甘味,酸味,鹹(塩)味,苦味,辛味,五色とは白,黒,黄,赤,青(野菜のこと),五法は5つの料理法で,煮る,焼く,揚げる,蒸すと生の料理法(捌くの意で刺身など)のことであり,晴れの日はこれらを兼ね備えた調理が基本と考えられていた.

な食材と共に食することが健康保持・増進には大切である．例えば，おかめそば
やしっぽくそば（ビタミンDに富むしいたけ，ビオチンに富む湯葉（タンパク
質にも富む），ビタミンCに富む三つ葉，タンパク質に富むかまぼこや麩を添え
る）などは五色豆を彷彿させる．また，けんちんそば（ビタミンCに富む大根，
ビタミンAに富むにんじん，葉酸やビオチンに富む長ネギ，ビタミンDに富む
しいたけ，食物繊維に富むこんにゃく，ゴボウ，さといも（カリウムにも富む），
タンパク質に富む油揚げなど）も沢山の栄養素・食品成分に富んだそば料理であ
る．一方で，おろしそば（大根おろしからのビタミンCの補給），にしんそば（に
しんはタンパク質やビタミンB_{12}，Dなどに富む），ざるそば（焼きのりはビタミ
ンA，K，B_{12}に富む），いくらそば（いくらはビタミンB_{12}やビタミンA，Dに富
む），なめこそば（葉酸に富む），茶そば（ビタミンA，C，葉酸に富む）などは，
ビタミンなどの栄養的補強のできる食べ方であるといえる．

3.2.2　ミネラル

そば粉には，多種類のミネラルが含まれている（表3.4）．近年ヒトの必須ミ
ネラルとして16種のミネラルの食事摂取基準（厚生労働省）が決められており，
これらのミネラルの体内での働きに大きな関心がもたれている．そば粉には，こ
れらの必須ミネラルのうち，栄養的貢献度の高い順（図3.3）に，モリブデン（欠
乏で昏睡，頻脈，頻呼吸，神経過敏を起こす），銅（欠乏で鉄投与に反応しない
貧血，白血球減少，心血管系や神経系の異常を起こす），マグネシウム（長期の
欠乏で骨粗鬆症，心疾患，糖尿病などのリスク上昇が報告されているが，さらな
る検証が必要），リン（広く食品に含まれ，欠乏より過剰の回避が重要），クロム
（糖尿病患者への耐糖能健全化作用が知られている），鉄（欠乏で貧血，運動機能・
認知機能の低下），マンガン（欠乏で成長抑制，骨の脱石灰化），セレン（欠乏で
心筋障害），亜鉛（欠乏で味覚障害，皮膚炎，成長遅延など）など，ヒトの健康
維持・増進に深くかかわる様々なミネラルが含まれており，これらのミネラルの
大切な供給源になり得る（表3.4，図3.3；欠乏症は厚生労働省（2020）から引用）．
古来我が国ではそば切りを食べた後にそば湯を飲む習慣があるが，そば湯は上述
の様々なミネラルや，タンパク質（アルブミン，一部グロブリンなど），水溶性
ビタミン（前述，図3.2）などに富んでいるものと考えられる．一方そば粉には，
他の穀類と同様に，カルシウムはあまり含まれていない（表3.4，図3.3）．欧州

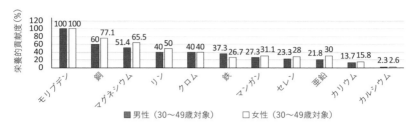

図 3.3 ミネラルの食事摂取基準（1日分）へのそば粉（100 g）の栄養的貢献度（％）

食品成分表（文部科学省，2020）中の「そば粉全層粉 100 g 当たりの成分値（A）」を引用し，日本人の食事摂取基準（厚生労働省，2020）の男女とも 30～49 歳の食事摂取基準（B）を引用し，（A）/（B）×100 を求め栄養的貢献（％）として表示している．モリブデンは 100％としているが，実際は食事摂取基準の男性で 156％，女性で 188％と多く含む特徴がある．

食事摂取基準には，3 種の制定量があり，1 つ目は生活習慣発症予防への「目標量」（カリウム），2 つ目は科学的根拠の明確な「推奨量」（ビタミン B_1，B_2，ナイアシン，B_6，葉酸；カルシウム，マグネシウム，鉄，亜鉛，銅，マンガン，ヨウ素，セレン，モリブデン），3 つ目は科学的根拠が明確ではないが不足の起こらない量「目安量」（ビタミン E，パントテン酸，ビオチン；リン，マンガン，クロム）がある．

などでは，そば粉をカルシウムに富むチーズ，ミルクなどの乳製品と共に加工・調理することが多いが，このような食べ方は，そば粉に少ないカルシウムが補強できて，栄養学的に優れた食べ方である．そば粉は，ナトリウムの含量も低い（表3.4）．うどんやパンなどの小麦加工食品ではグルテンの粘弾性を増すために食塩を添加するため，高塩分（ナトリウム）食品である（ナトリウム含有量は干しうどんで 1700 mg/100 g，フランスパンで 620 mg/100 g など）のに対し，そば粉にはグルテンが含まれないので，麺をつくるときには本来食塩を加える必要はない．したがってそば粉（ナトリウムは 1～2 mg 程度/100 g（表 3.2））からできるそば加工食品は，いわば減塩食品である．ただし，小麦粉をつなぎに入れた干しそば麺には，小麦粉のために食塩が入れられている（表 3.2）．

次に，クレフトのセレン（Se）研究（Kreft et al., 2006）を紹介する．Se が必須無機元素であると理解されたのは，中国で克山病という疾患（Se の欠乏症で，心臓が肥大する致死性の重篤なミネラル欠乏疾患）が蔓延し，当該地帯の土壌に Se が少ないことによる，この地で生育したトウモロコシなどの食べ物の低 Se 含量などが原因と考えられるようになったためである．吉田宗弘（1992）によると，日本人の Se 摂取量は概ね適切なレベルであるが，世界的には低 Se 摂取レベルの地域があり，さらに中心静脈栄養を受けている入院患者の Se 欠乏症が日本，米国などで報告されている．このため，Se 高含量食品が注目されている．クレフト

は, 普通種とダッタン種のそばについて, Se を両種そばの葉に開花期に散布した. その結果, 両そば共に, 未処理のそばに比べ Se 含有量が有意に上昇することが認められた. さらに, そばに取り込まれた Se のほとんどが, ヒトの腸管吸収で吸収が良いといわれる有機態のセレノメチオニンであると記述されている.

3.2.3 ポリフェノール

「フランス人は, 喫煙率が高く, 動物性脂肪の摂取量が高いのに, 心疾患に罹る割合が他の国々に比べて低い」, いわゆるフレンチ・パラドックス (フランス人の逆説) に関心が集まっている.「多く飲むこと」に起因しているというところから, フランス人が日常的に飲む赤ワインに含まれるポリフェノールが一躍大きな注目を浴びるようになった. ポリフェノールとは, ベンゼン環に水酸基を2個以上もつ化合物の総称である. 虚血性心疾患やがんなどの生活習慣病の発症には活性酸素が関係しており, 活性酸素を除去できる物質, つまりポリフェノールのような物質に関心がもたれている. そば粉には, ポリフェノールが多く含まれている (図 3.2). そば粉 100 g あたりのポリフェノール含有量 (400 mg) は赤ワインのコップ1杯分に相当する (ただし, ポリフェノールの種類は互いに異なる). したがって, そば粉は, 生活習慣病予防のポリフェノールの, いわば宝庫である.

そば粉特有のポリフェノールとして, 毛細血管の透過性や脆弱性などを改善するポリフェノールの1種であるルチンが含まれる. ルチンは淡黄色を呈するフラボノール配糖体で, そば以外には, タバコの葉や表 5.1 の野菜類だけに偏在している. ルチンは, ビタミン P (permeability (血管透過性) に関係するビタミンの意) とよばれるが, ビタミン P はヒトにおける欠乏症がみられる必須ビタミンではなく,「ビタミン様物質」の1つとして分類される. ルチンには, 高血圧予防効果が示唆される. この他, 抗酸化作用, 血流改善効果など様々な効果が認められている. 欧州では, そばの茎・葉でつくるそばハーブ茶がよく利用されており, ルチンが虚血性心疾患や動脈硬化の予防作用をもつことが示唆されている. 紫外線照射 (特に UV-B 照射) は, 一般に生体の反応に強く影響する. 植物体としてのそばは, 元来山岳地帯 (中国雲南省など) に生育し, 高い UV-B を受けていたが, 進化の過程で, UV-B を吸収し生体成分 (特に核酸など) の保護をするような成分, つまりルチンを集積してきたと考えられ, そばにルチンが特有の成

分として含まれるのはこのような理由によると考えられている（Kreft, 2003）.
ルチンの適正摂取量は十分解明されていないので，今後の解明が期待される. 一
方，摂り過ぎにも注意がいる. ルチンの LD 50（半数致死量）は，マウスで体重
1 kg あたり 950 mg である.

ルチンには，ビタミンCの腸管吸収を促進する作用があることが知られている.
また，ルチンとビタミンCの共存によってコラーゲン合成が亢進することが知ら
れている. コラーゲンは，骨の形成を促進し，骨折予防などに良い効果を示す.
おろしそばは，栄養学的に勧められる食事である.

そばを茹でる際に加熱によってルチンは溶けやすくなる. 20℃でのルチンの溶
解度は約 1.2 g/100 mL であるが，100℃の高温では約 49 g/100 mL と溶解度が
40 倍近く大きくなる（高石・鳥井，1969）. つまり，ルチンは高温になると溶け
やすくなる. そば麺を加熱すると，そばの中のタンパク質が変性・分解し，また
デンプンの α 化が同時に起こる. そば湯のどろどろ感は，主に変性タンパク質
や α 化デンプンなどによる一種のコロイドである.

ルチンは，ラムノースとグルコースという糖が，糖以外の成分（アグリコンと
よぶ）であるケルセチンと結合した配糖体である. そばの実中では，ルチンはこ
の配糖体の形で存在していると考えられる. そば麺を茹でると，配糖体のルチン
が，どろどろ状態の変性タンパク質や α 化デンプンと結合することは容易に想
像される. 消化管の中で，ルチンに結合したタンパク質やデンプンは次第に消化
吸収される. 一方，ルチンは配糖体の形か，またはアグリコンの形となって吸収
される. Rice-Evans ら（1999）は，ルチンが主にそのまま血中に存在している
ことを報告している. 一方，糖の外れたアグリコンは小腸での吸収が早く，また
代謝分解物であるアグリコン-抱合体となっているとも報告されている（Murota
et al., 2000）. 他方，小沢（1951）は，イヌを対象としたルチンの尿中排泄の研
究を行い，ルチン 300 mg を毎日投与した場合に，尿中にルチンがわずか 0.5～
3.0 mg（投与量の 0.2～1%）排泄されることを認め，大部分が体内で代謝され
ていることを報告している.

王（1959）は，ルチン摂取後の組織化学的研究を行い，ルチン摂取後まず小腸
に強く現れ，大腸には顕著にみられないことを認めている. 次いで，肝臓に現れ，
3～5 時間後に顕著に現れることなどを報告している.

ルチンの腸管吸収や代謝には，未だ不明な点が多く，今後の進展が期待される.

一方，ルチンには，近年，変形性関節症の抑制効果（Sui et al., 2022），炎症性疼痛の改善効果（Ye et al., 2023），アルツハイマー病の治療の可能性（Solomon, 2019）など様々な生理作用が報告されており，今後の研究が注目される．

3.2.4　その他の微量成分

そば加工食品の摂取によって激しいアレルギーが起こることがある（3, 4章）．食品衛生法施行規則によって，卵，落花生，乳，小麦などと共に，そばは特定原材料表示が義務付けられている．そばアレルギーの研究については今後の進展が期待される．

近年，食品中のリポポリサッカライド（LPS）という成分が注目されている．LPSは，グラム陰性菌の細胞壁を構成している成分であり，植物性食品に含まれ，そば粉には特に多く含まれることが知られている．未だ不明な部分も多いが，LPSを摂取すると，感染防止や創傷治癒などが活性化されると考えられており，今後のこの成分の解明に関心が集まっている．

♠ コラム4　行とそばの栄養の科学的考察 ♥

比叡山延暦寺には千日回峰行とよばれる行がある．7年間の大変な行であり達成された方々を心底から尊敬申し上げる．さて，1983年に第2回国際そばシンポジウムが宮崎大学で開催され，特別講演として葉上照澄大僧正から「行とそば」についての講演を賜り，筆者は感銘を受けたことを覚えている．大僧正は1953年にこの大行を成就され，北領大先達大行満大阿闍梨の尊称を受けられた．当該大行の最終段階の「9日間の絶食・断水・不眠・不臥」の行実施前に，「五穀断ち」という行が100日間行われる．五穀と塩，海藻，果物が断たれ，その際五穀ではない「そば」や「少量の野菜」は利用できる行である．さて，現代栄養学の視点から「そばと野菜」だけで人は生存できるのかを考察したい．大僧正は「そばのみ食していた」と述べておられた．

そばのタンパク質は，質的には鶏卵や牛乳のように欠点のない，優れた不可欠アミノ酸組成を有し，量的にも他穀類よりも多く含まれる．修行下では菜食でなければならないから，そば粉は最適のタンパク質源である．

エネルギー栄養の観点から重要なのは炭水化物と脂質であるが，そばにはエネ

ルギー源となる利用可能炭水化物が多く含まれる．一方でそばの脂質含量は低いが，必須脂肪酸はある程度含まれ，また脂肪に富む木の実などの摂取は許されるので，脂質の栄養上には問題はない．しかし，エネルギー栄養の視点からみた場合に，行中厳しい山中歩行などが続行されるので，体内に蓄えていた糖質，脂質，さらにはタンパク質がエネルギーとして利用され，次第に体力の消耗が大きくなり，修行者にとって厳しい状況が続き，行は体力と気力との戦いとなっていくと思われる．

ビタミンの点からは，そばには，ナイアシンやB_1，ビオチンなどのビタミンに富む．エネルギーが産生される場合ナイアシンとB_1，B_2，ビオチンのビタミンが必要であり，そばにはナイアシンとB_1が豊富で，B_2は腸内細菌叢から供給され得る．一方，そば粉にはビタミンA，B_{12}，C，D，Kは含まれない．ところが，私達の腸内に生息する腸内細菌はビタミンKやB_{12}を合成し，またそば粉に低含量であるビタミンB_2，B_6，葉酸をも合成しており，私達はこれらの腸内細菌叢からのビタミンを利用している．ただし，腸内環境を健全にしていることが必要で，そばには食物繊維が豊富（表3.1）に含まれ，この成分は腸内環境の健全な維持に有効である．一方，ビタミンAとCは，摂取の許される「野菜」から供給され得るし，また摂取の許されるジャガイモはビタミンCに富む．また，ビタミンDは，日光に当たればヒトの皮膚である程度合成される．したがってビタミンの栄養上，特に問題はないと思われる．

ミネラルについては，そばは，ヨウ素とナトリウム（食塩）を除いては，ヒトに必須なすべてのミネラルを含み，充足できる．そば粉のヨウ素含量は低いので，軽度か中等度のヨウ素欠乏症の可能性はある．五穀断ちの前に，ヨウ素に富む昆布だしなどを十分摂取していれば，予防になるかもしれない．一方，塩断ちであるが，食塩の最低必要量は $0.5 \sim 1.3\,g/$日（WHO）で，この必要量は無塩食をしても食物から自然に摂取できる量である．とはいえ，ナトリウムは欠乏すると腎臓での再吸収があるが，軽度または中等度のナトリウム欠乏症に陥る可能性もある．

結論として，そば粉の摂取量が必ずしも明確ではないが健康を維持できるレベルで摂取されていると考えた場合，栄養素バランスの視点からは，「そばと野菜」の摂取によって，ナトリウムとヨウ素の軽度・中等度の欠乏症の可能性はあるが，長期にわたらない限りヒトは生存できるものと推測される．

そば粉は古来より栄養的価値の高い食品であることが自然に認識され伝承されてきたと考えられ，かかる行に貴重な食べ物として利用されてきたと推察される．

〔池田清和〕

以上のように，そば粉には，ヒトの健康にかかわる様々な成分が含まれており，優れた栄養機能をもった食品であるといえる．

そばには普通種と種を異にするダッタン種がある．中国の研究グループが，ダッタン種には高血糖，脂質異常症を改善する作用があることを示唆している．しかし，ダッタンそば中のどのような成分がかかる栄養生理効果をもたらしているのかについて必ずしも十分に解明されていないなど不明な点があり，今後の研究の進展が期待されるところである．　　　　　　　　　　　　　　　〔池田清和〕

❰　3.3　医学的視点からみたそば摂取とヒトの健康　❱

普通種やダッタン種のそば加工食品を日常的に摂取することが，多くの慢性疾患の発症を予防すると考えられる知見が集積してきている．そばには，多彩な働きを示す様々な成分が含まれる．特に，ダッタンそばには，ルチンを多く含む特徴があり，ルチンの働きが，多彩な面に発展され，注目されている．古く中国では約1300年前に著された本草書『備急千金要方』（652）および『食療本草』（孟洗，713）に，ダッタンそばの医学的効果が記述されており，これらの書物は種々の疾患に対するダッタンそばの薬理効果を示す最初の記録である（林，1994；2013）．これらの古書中の健康効果の記述について今日の科学で解明することは興味深い課題である．他方，そばには，糖尿病や肥満症に健康的価値を示すファゴピリトール（特に，D-キロイノシトール，糖代謝促進や脂質異常症やうつ病の改善効果が示唆されている）なども含まれている．

この節では，そば摂取とヒトの健康について医学的視点から論述する．下記の科学論文の総説群は，そば摂取が，糖尿病，肥満症，高血圧症，高コレステロール血症，脳卒中，心血管疾患，結石（尿路結石，腎結石），がん，下肢浮腫，体内炎症，グルテン腸症（セリアック病）の改善などに対する予防効果を示唆しており，それらの諸点を考察する．

3.3.1　背景と現代医学的研究

そば摂取の健康効果については，当初エビデンスベースで証明することは困難であるように考えられていた．例えば，1つの健康効果に対して関与するメカニズムが複数存在すると示唆されたために，これらの健康効果を医学的研究法に

よって解明するには，当時議論が漠然としており，また不均一であり容易ではないと考えられていた．しかし，今日そばの健康効果に対して，メカニズムを理解しエビデンスを展開させるために，異なる学問領域の協力やメタアナリシスのような多様な科学的アプローチが達成されつつある．その発展の契機となった研究として，1995年に実施された中国の少数民族彝族（1.1節）に関する米国と中国の共同疫学研究がある（He et al., 1995）．この論文では統計解析法が駆使され，そばを常食する彝族の対象者では，血圧，血中総コレステロールおよびLDL（悪玉）-コレステロールの有意（$P<0.01$ または 0.05）な低下が起こり，一方血中総コレステロールに対するHDL（善玉）-コレステロール比の有意（$P<0.05$）の上昇の認められることが示された．当論文の著者らは，当該健康効果に関与するのは主として食物繊維ではないかと推察している．ただし，この論文中では，普通そばとダッタンそばの区別が明記されておらず，彝族はダッタン種を優先にしながら両方のそばを食するので，どちらのそばの効果であるのかは不明であり，さらなる研究が期待される．

　最近，Luら（2017）によって，極めて興味深い総説研究，すなわち，近年確立されてきたメタアナリシス手法[3]を用いた，ヒトまたは動物での63報の研究論文に関する研究が実施された．最先端の，広範囲にわたる組織的研究が実施され，薬理学研究と，ヒトの97個の標的組織並びに20種のダッタンそば成分との間の生体分子レベル上の経路を統合して研究を行っている．当研究の卓越した意図は，2型糖尿病[4]，ならびに心血管疾患への危険因子，高コレステロール血症への危険因子を解明する点にあった．本メタアナリシスの結果，ダッタンそばを日常的に摂取することにより，血中総コレステロール，血中トリグリセリドおよび血糖値の有意の低下を示している．さらに詳細にみると，後述する心血管疾患（CVD）危険因子の低下も読み取れる（Li et al., 2017）．現代食品工業では，米や小麦のような主要食品は安さや安全性，迅速な都市圏への輸送が求められる．このような状況下でそばのような雑穀類にとって大切なことは農業で生き残ることであり，栽培が拡張されるための理由が必要となる．その点でそばは，小麦グルテン

3　主として統計学的手法によって，過去に得られている複数の研究の結果を統合し，より高い観点から解析する研究．

4　インスリンの作用不足により慢性的に成人の血糖値が高くなる糖尿病．日本人糖尿病の90%がこの型である．

過敏症や米アレルギーの患者にとって大変重要な意味をもっている.

3.3.2 ヒトの健康上の重要性にかかわるそばの成分

a. 必須ミネラルとグルテンフリータンパク質

本項では,健常者または慢性疾患患者を対象として,普通種またはダッタン種そばの経口摂取の医学的介入研究を紹介する.ここで,そばのミネラル含量に対する重要性に注目すべき点がある.そば粉は,図3.2で説明した通り,特徴ある必須ミネラルパターンを示す.ただし,そばの製粉法の違いによって得られる様々なそば粉分画物(表層粉や内層粉など)は,それぞれミネラルやタンパク質,デンプンの含量に大きな差異がある(Kreft et al., 2004;文部科学省,2020).

そばは,グルテンを構成する2つのタンパク質成分のうちの1つの成分であるプロラミンをほとんど含まない.このためにグルテンが形成されず,グルテンフリー食品となり,グルテン感受性の高い患者(特に欧米に多い)には,極めて重要な食事性タンパク質となる(Skerrit, 1986).

b. 食物繊維, RS

そば粉には,多くの食物繊維が含まれる(全層粉で4.3 g/可食部100 g(文部科学省,2020).前述の通り,He ら(1997)は,そばの高い食物繊維含量が,高血圧症や高総コレステロール・LDL-コレステロール血症に有益な効果に関係していると示唆している.事実,一般論として,厚生労働省「日本人の食事摂取基準」策定検討会(2020)による介入試験を総括したメタアナリシスでは,食物繊維には,数多くの疾患(総死亡率,心筋梗塞の発症と死亡,脳卒中の発症,循環器疾患の発症と死亡,2型糖尿病の発症,乳がんの発症,胃がんの発症,大腸がんの発症)と有意な負の相関のあることが認められ,食物繊維の摂取で,発症率や死亡率が低下することが認められている.

一方,RS(Kreft et al., 1996),つまり難消化性デンプンが,GI を低下させると考えられている(Skrabanja and Kreft, 1994).また,RS には,大腸がん発症リスクの低減作用があることが知られている(早川,2013).そば粉の RS が大腸に入ると大腸の腸内細菌叢の作用によって,酪酸などの有機酸を生じる.中でも酪酸は極めて重要な成分で,大腸吸収細胞のエネルギーとして優先的に利用される特徴があり,加えて酪酸には大腸がん化抑制作用(Scheppach, 1994;早川,2013)やがん化細胞を細胞死に誘導することも知られている(Hague, 1993;早川,2013).

c. ポリフェノール

抗酸化力をもったポリフェノール成分の重要性と含量が，未だ過小評価されていると考えられる．特に，ダッタンそばは，他の植物性食品（野菜類，果実類，穀類など）に比べて，ポリフェノールの1つであるルチン（ケルセチン-3-ルチノシド）を高含量で含んでいる．疫学研究は，ポリフェノール化合物に富む食事が，がんや心血管疾患のような疾患に関係する酸化ストレスを低下させることを証明している．マルコ・クレフト（Kreft, 2016）の記述によると，そばのタンパク質やポリフェノール，ミネラルの栄養的価値が機能性食品として有用であることを示唆している[5]．サプリメントや家庭用薬品などとして活用されているケースもある．

ルチン，ケルセチンの抗酸化作用について上述したが，特にルチンにはインスリンへの効果（膵臓に働き，インスリン分泌を促進．ルチンには抗高血糖特性，糖尿病合併症発症保護作用などがある；Habtemariam, 2015）や，アルツハイマー型認知症への治療効果（ルチンにはアミロイドベータ処理に対するルチンの有効性が示されている；Habtemariam et al., 2016）も示唆されている．

62名の教員を対象とした臨床介入研究で，そばの統計学上有意な健康効果が確認されている．交差二重盲検試験[6]で，一方のグループには薬→偽薬，もう一方には偽薬→薬というように順序を変えて投与した．普通そばとダッタンそばの摂取前後の効果について4週間試験された．普通そば，ダッタンそばのクッキーを2週間摂取した際の，摂取前，摂取中，摂取後の効果を調べた．4週間（1日1回の摂取）の介入試験で，普通そばとダッタンそばの両方に，統計学上有意に血中総コレステロールの低減作用が認められ，加えて，ダッタンそばだけに疲労感の低下作用と肺気量の改善効果が統計学上有意に認められた．

2008〜2022年の間の研究で，全身性炎症におけるケルセチン-3-O-グルコロイドの働きが明らかにされている．例えば，細胞内マクロファージ内にケルセチン-3-O-グルコロイドの蓄積が起こり，その際にマクロファージによって誘導されるβ-グルクロニダーゼによってケルセチン-3-O-グルコロイドの結合が切断さ

---

5 実際に日本でも，特定保健用食品や機能性表示食品として，既に活用されているそば食品がある．
6 医学分野で，薬や治療法などの効果をみるときに実施する方法で，治験の被験者群2つのグループに，いずれが薬か偽薬かを，医師，患者の両方にわからないようにして実施し（二重盲検），併せて薬と偽薬について順番をずらして投与（交差試験）し，薬の効果を明らかにする研究．

れ, 活性なアグリコン, つまり活性なケルセチンが生じ, その部位でケルセチンが特異的な作用, つまり抗炎症作用を示すことが実証されている.

また, 血液バイオマーカーから, 好中球炎症を低下させると示唆された[7] (Wieslander et al., 2011；2012). そば粉に豊富に含まれる主要フラボノイドであるケルセチンは, 摂取後ケルセチン-3-O-グルコロイド抱合体やケルセチン-3′-O-硫酸抱合体に代謝される. このため, ケルセチンの生物活性のメカニズムを解明するには, これらの抱合体の分子レベルでの作用に焦点をしぼる必要がある.

老年医学の研究者の間では, そばのような抗炎症作用を示す食品の健康効果が注目されている. 抗炎症効果 (Divya et al., 2022), 炎症性腸疾患 (Gimenez et al., 2018), 動脈硬化 (Kawai, 2018), アルツハイマー型認知症 (Habtemariam et al., 2016), 糖尿病 (Qui et al., 2016；Habtemariam, 2015), がん (Kang et al., 2021；Bai et al., 2015；Peng et al., 2015), 肥満によって誘発される心血管疾患 (Kyung et al., 2008), 関節炎 (宿根種；Shen et al., 2013) などの慢性疾患の発症を, そば粉のような高い栄養的価値を示す食品の摂取によって遅らせる, あるいは予防できるからである.

3.3.3　心血管疾患リスクマーカー：系統的総説とメタアナリシス

膨大な研究データに基づいたLiら (2017) のメタアナリシス研究が極めて重要なので, ここに紹介する. Liらは, 1960～2018年の58年間に刊行された, そば摂取と心血管疾患 (CVD) リスクとの相関関係を評価した研究論文のメタアナリシス解析を行った. そこから明らかになった医学的重要性が示されている. そば摂取とCVDリスクに関する1960～2018年におけるPubMed, Scopus Ovid, EBSCO, Web of Science, ProQuest databases, Science, JSTOR, Medlineおよび China National Knowledge Infrastructure の論文について, 'buckwheat' AND 'cardiovascular disease' OR 'cholesterol' AND 'human' OR 'animal' のキーワードで絞り込んだ. その結果, ヒトを対象にした13報の無作為化比較試験研究と, ヒトを対象とした2報の横断研究[8] および21報の動物試験が認められた. 加え

7　好中球というのは白血球の1種であり, 炎症の場で中心的役割を果たす. 喘息などの慢性疾患では好中球炎症が関係し, 炎症が低下すると正常となる.

8　ある患者群に介入試験を実施し, その効果を, 過去などの結果を含めずにある一時点で調べる研究をいう.

表3.5 メタアナリシスにより確認されたそば介入による心血管疾患リスクマーカーの変化 (Li et al., 2018)

	WMD		
血糖値	−0.85 mmol/L	95% 信頼区間：−1.31, −0.39	危険率 *P*<0.001
総コレステロール	−0.50 mmol/L	95% 信頼区間：−0.80, −0.20	危険率 *P*=0.001
血中トリグリセリド	−0.25 mmol/L	95% 信頼区間：−0.49, −0.02	危険率 *P*=0.034

WMD 値のマイナス記号は，コントロール群から低下したことを意味する．

て，関連がありそうなすべての論文に対して手動で追加調査を行った．ここでは CVD は，脳卒中，大動脈疾患，末梢動脈疾患および冠状心疾患と定義されている．また，文献の検索は，英語，中国語を含む多くの言語で書かれたものが選ばれた．この総説に含まれる論文は，次の基準（1）〜（4）に適合したものである：（1）前向きコホート研究[9]，（2）対象が健常なヒトおよび実験動物であること，（3）そば摂取が実施されていること，および（4）血漿グルコース（血糖）やインスリン濃度，血中脂質プロファイル（組成）などの CVD リスクマーカーが結果に含まれることである．コレステロールが，全粒穀物食品に応答し得る CVD の最も共通した指標であると考えられるので，この研究では第一の応答マーカーとしてコレステロールが用いられた．ランダム効果モデル[10]を用いた分析の結果，そば摂取後の介入群と対象群の加重平均差（WMD）から，介入において血糖値，総コレステロール血中トリグリセリドの有意な低下がみられた（表3.5）．

表3.5 の結果は，約60年間かけて得られた極めて重要な結果である．類似した応答が，2つの横断試験で認められた．動物実験としては，21報の研究中19報の研究が，血中総コレステロールの統計学上有意な低下（低下の範囲：12〜54%）を示している．また20報の研究中14報の研究が，血中トリグリセリドの低下（低下の範囲：2〜74%）を示している．

他方，HDL-コレステロールに関しては，ヒト，動物どちらにおいても，驚くことではないが，矛盾する結果が得られた．このメタアナリシス研究で取り上げた研究は大変不均一で，また研究方法にもバラツキがあると思われる．Li ら（2018）は，そば粉摂取によるこれらの効果が他の CVD リスクマーカー，例え

9　現時点（またはある時点）においてある疾患 A に罹患していない人達を集め，その対象者を長期間にわたって観察し，特定の因子の有無が疾患 A の発生や予防に関係するかを調べる研究をいう．

10　メタアナリシスでデータの統合を行う際に統合値には本来バラツキがあり真値からランダムに選ばれたと考え，所定の数式を用いて計算される．

ば体重，血圧，インスリン，LDL-コレステロールにも同様に生じるかは不明で
あり，さらなる研究が必要であると述べている．他方，前述した厚労省食事摂取
基準策定検討会（2020）の食物繊維介入試験のメタアナリシスの結果と比較する
と，総コレステロール，血中トリグリセリド，血糖の低下は表3.5とよく一致し，
また総コレステロールの低下を示す彝族の研究結果（He et al., 1995）ともよく
一致する点は興味深く，今後の進展が期待される．

3.3.4　セリアック病への自然の改善と成人型糖尿病への有効性

　世界消化器病学会議のデータに従うと，セリアック病（coeliac disease, CD）
は，慢性疾患であり，ヨーロッパでの有病率は100人に1人ないし300人に1人
程度であり，また男性と比べ，女性では2倍の発症率である．中東，北アフリカ，
インドなどでの有病率もヨーロッパと同程度である．ここでは母集団により開き
があるものの3〜20%程度にCDが生じており，また，子供のころに1型糖尿病
を発症した患者においても3〜5%がCDを併発している．引き金因子は，小麦
や関連穀類（ライ麦と大麦）から摂取した多量のグルテンである．私達の体内に
侵入した異物を認識し排出させる作用を示す白血球にはHLA（ヒト白血球抗原）
で示されるタイプがあり，HLAがDQ2とDQ8であるヒトはCDを発症しやす
いことが判明している．組織トランスグルタミナーゼに対する自己抗体の産生が，
CD進展の危険に対する重要な因子となる．HLA DQ2/DQ8をエンコードするア
レル（対立遺伝子）をもたないかぎり，ふつうCDは起こらない[11]．CD発症に関
して明らかな地理的差異が国家間および地域間で存在する．唯一の治療法は，完
全にグルテンを避けることであり，この点においてそばは代替食として最適な食
品と考えられる（ただし製粉の工程においても他の穀類に汚染されていない場合
に限る）．スウェーデンでは，数十年にわたりCD患者によってそば加工食品が
大変よく使用され，また，健康食品店でそば加工食品が販売されている．CDの
診断は，最適な，あるべき医学研究に基づいてなされるべきであると考えられて
いる．しかし，CDの特異診断を正しく行うのは容易ではない．血液検査や腸生
検で陽性でなくてもそばにアレルギー反応を示す人は多いためである．これを非

11　日本人で，無症状の検診受診者2008名中生検組織診断でCDと診断されたのは1例で0.05%（1/2008
　　＝0.05%）と報告されている．別の例では健常成人4063名のスクリーニングで，血清有病率0.2%
　　（8/4063＝0.2%）と報告されている（福永他，2021）.

セリアック・グルテン過敏症といい，グルテン含量の多い欧米の食べ物（パン，パスタ，ピザ，麺類など）で症状が引き起こされる．

ランダム化比較研究[12]が，10名の成人（小児からの糖尿病罹患およびCD罹患）で実施された．10名の対象者は，血糖値は類似しておらず幅が認められた（Vetrani et al., 2007）．結果として，食物繊維強化そばパスタの介入は，トウモロコシパスタの対照群と比較して血糖値の調整に明らかな効果を示した．ここでの患者について，食後6時間の血糖値の連続モニタリングが行われた．患者は，食前にインスリン錠が投与され，食事として同量の食物繊維強化そばパスタまたはトウモロコシパスタを摂取した（Vetrani et al., 2007）．そば粉は元来食物繊維に富んでいるが，ここの研究ではさらに食物繊維強化のそば粉パスタが用いられ，このようなそばの食事では，食後の血糖値が安定しているという結果が得られた．

別のランダム化比較研究として，19名の非セリアック・グルテン過敏症患者について，12週間にわたり2種類の食品の介入試験が実施された．ここの患者は，少量のグルテンには耐えられるが，大量では耐えられない．試験患者は，これまで食べ慣れてきたグルテンフリー食か，そばからつくられた食品のどちらかを6週間とり，その後クロスオーバー試験で食事が替えられた（Dinu et al., 2019）．そばの食事の投与の間に消化管症状の統計学上有意な低下が認められ，また血清マグネシウムの改善[13]と血清炎症マーカーの低下が観察された．症状の軽減だけでなく，血清マグネシウムの正常化と炎症状態への有益な効果が，そばの効果として認められた．

1日1食をダッタンそばを使った食事に置きかえ，糖尿病患者への効果を調べる食事介入研究が糖尿病性腎症の成人104名に対して実施された．この研究を実施する仮説として，ダッタンそばの摂取が糖尿病性腎症に何らかの改善効果があるという点が注目された．この介入研究では，ダッタンそば介入中の尿中アルブミン/クレアチニン比[14]，尿素窒素，血清クレアチニンおよび尿酸が測定された．

---

12 この試験は，結果評価の偏りが入らないように客観的に治療の効果を評価するようにした試験で，比較研究（治療群（C群）とプラセボ群（P群）の設定），ランダム化（C群，P群のランダムな配置），二重盲検化（C群とP群を区別できなくする），エンドポイント（目標へのポイントの設定）などを行う．
13 そば粉は，高含量のマグネシウムを含む．
14 腎臓疾患ではタンパク尿がみられる．タンパク質であるアルブミンは尿中に排泄されるが，尿は排泄の度に濃度が変化するので，クレアチンとの比で表すと一定値になるためよく用いられる指標である．

多くの糖尿病患者では，罹患後数年後に起こる腎臓の問題が重要な問題となっている．4週間にわたり，患者を2つのグループに分けた．半分のグループは管理栄養士によって計画された系統的な食事プランに従い糖尿病食事交換表の栄養教育を受けて食事を摂取し，他方のグループはダッタンそばだけの食事を摂取した．その結果，両グループとも血糖値は正常化していたが，ダッタンそばのグループでは尿中アルブミン/クレアチニン比が正常化する現象が認められ，糖尿病性腎症へのダッタンそばの有効性が実証された（Qui et al., 2007）．さらに Qui らは，165名の2型糖尿病（成人型糖尿病）の患者をコントロール群と介入群に分けて介入試験を行い，インスリン抵抗性と脂質プロファイルの改善を報告している．患者の半分がダッタンそばの食事を1日のうち1食摂取し，他の半分はコントロール食を摂取した．ダッタンそばグループではダッタンそば粉を110 g/日以上4週間摂取した（より多くの量を摂取するサブグループを設けた）（Qui et al., 2016）．その結果，コントロール食グループに比べダッタンそば食グループでは，血中成分について，空腹時インスリン（2.46〜2.39 mU/L），総コレステロール（5.08〜4.79 mmol/L），LDL-コレステロール（3.00〜2.80 mmol/L）について，統計学上有意（危険率 $P<0.05$）な低下が認められた．さらに高摂取群ではインスリン，総コレステロール，LDL-コレステロールの低下と共にインスリン抵抗性の改善が認められた．この結果から，ダッタンそばは2型糖尿病患者のインスリン抵抗性および脂質プロファイルを改善できると Qui らは推論している．

　別の介入試験が20名成人（年齢：35〜69歳，糖尿病プラス肥満症，1つのグループは極度の肥満症）に対して実施された．2種類のクッキーのうち1つは小麦粉だけからなり，もう1つはそば粉，燕麦粉と大麦粉およびマルチトールからなっていて改良炭水化物クッキーと称された．これら2種のクッキーを摂取した結果，25 g の炭水化物（消化できない食物繊維を除く）を含むコントロールのクッキーに比べて，改良炭水化物クッキーでは食後30分後の血糖値反応が上昇しないことが認められた（Sharafetdinov et al., 2015）．

3.3.5 慢性下肢浮腫への効果

　慢性下肢静脈不全患者（67名，年齢：22〜74歳）へのそばハーブティーの効能の検証が，2週間の期間に，単一施設でのランダム化二重盲検プラセボ対照試験の形式で行われた．臨床的に，主観的な兆候に加えて，下肢容積量，平均大腿

静脈直径および下肢毛細血管直径が測定された．処置グループの平均下肢容積量には変化がなかった（2041〜2073 mL）が，偽薬グループ（そば粉が含まれないグループ）では平均下肢容積量が約 110 mL 増加する現象が認められた．この増加は統計学上有意であった．論文の著者は，この結果から，そばハーブティーは安全であり，当該患者に有益な影響を与えたと結論している．疲れや不快さのような症状は，統計学上有意に改善されたと報告されている（Ihme et al., 1996）．著者らは，下肢浮腫は極めて偽薬に敏感な疾患であり，一方そばハーブティーは安全であり当該患者に有益な影響を与え，安全なそばハーブティーは浮腫の悪化予防に効果的であることを推論している．

3.3.6　上気道感染症症状への効果

　小児期において，風邪などの上気道感染症は極めて普通のことであり，咳の薬や，薬理的な治療を行うことはなかなか困難であった．特に，子供は気道が小さいために容易く咳き込むようになる．このために，感染すると夜に咳き込みやすく，しばしば子供自身や家族に対して睡眠妨害を起こすことになる．これに対して，伝統的な治療法として，就寝の 30 分位前にそば蜂蜜を飲むことがよく行われてきた．そば蜂蜜は，そばの花から蜜を吸い出すことによって蜂がつくる．多くのヨーロッパの諸国で，蜂蜜を与える民間療法は浸透しており，特にそば蜂蜜は効果が高いとされてきた．Paul et al.（2016）の研究は，上気道感染症に罹患し，7 日間以下の夜間症状のある 105 名の子供（年齢：2〜18 歳）を対象として実施された．2 日間連続で行われ，前日夕方に薬を投与しておらず，咳症状が現れた日を 1 日目とした．次の日には，3 つの選択から 1 つを選ぶ：①そば蜂蜜のグループ，②デキストロメトルファン[15]で香りをつけた別の蜂蜜，③特に処置はしないという選択肢である．試験は部分ランダム化二重盲検試験で行った．処置は就寝の 30 分前に行った．興味深いことに，子供の両親は，そば蜂蜜が子供の症状の軽減に最も効果的だったと評価した．このことから，論文の著者は，そば蜂蜜が子供の咳の処置や，上気道感染症に関係した睡眠困難の処置に最も有効であると推論している．類似の研究として Schram et al.（2001）はそば蜂蜜およびトウモ

15　鎮咳去痰薬で鎮静作用と解離作用を示すモルフィナン系薬品である．商品名メジコン®.

ロコシシロップの摂取時における血漿へのフェノール化合物[16]の吸収量を計測している．著者らは，高含量のフェノール化合物が大人の健常者での酸化ストレス，特にフリーラジカルや活性酸素種（reactive oxygen species）への防御・保護に有効であると結論している．活性酸素種は，老化や疾病の進行に関係しているといわれている．このヒト試験では，1.5 g/kg体重のそば蜂蜜もしくはトウモロコシシロップを摂取させデータを取得している．この比較試験の結果，そば蜂蜜群では摂取後の血漿総フェノール化合物の優位な上昇（$P<0.05$）がみられた．この報告以来20年間にわたり，背後にあるフリーラジカルや活性酸素種の仮説について議論が続いているが，最近ではフェノール化合物のような抗酸化物質を高含量で含む食品の摂取によって，ヒトが自分自身を保護するという学術知見とその研究法が成長しつつある．

3.3.7 健康効果研究の発展と将来

そばは，ミネラル，タンパク質，ポリフェノールなどを多く含み，栄養学的価値の高い食品としてグローバルに利用されている．この章で論述してきたように，疫学，介入試験，疾病患者での事例研究，そばのその代謝成分の効果の研究など，そばの健康効果の分子論基盤を確立する研究が発展してきている．

そばは，いわゆるグルテンフリーの食品である点は，セリアック病患者に対して極めて重要である．一方，そばは高含量のルチンとケルセチンを含んでいるために，重要な抗酸化性を示すことも重要である．

そばのヒトの健康への効果の研究を評価する上では，いくつかの観点がある．査読制度を有する国際科学研究雑誌や医学のデータベースを元にしたヒトでの研究が多くなされている．多くの研究雑誌は，そばはほとんどの人々の消費に対して安全な食品であることを示している．そばがヒトの健康に対して数多くの多彩な有益な効果を有していることは事実であり，今後さらなる積極的な利用が望まれる．

3.3.8 そばと長寿との関係

そばと長寿との関係（長寿遺伝子サーチュインまたは当該遺伝子を刺激する因

16　人の健康に有効な抗酸化作用を示す物質．

子とそばとの関係）は最近の話題である．そばと長寿との関係が長く示唆されてきたが，近年では科学的解明が進みつつある．

例えば，Pande ら（2020）は，そばを含む食餌は，カロリー制限をすることなく，サーチュインが活性化されることを報告している．一般にカロリー制限をするとサーチュインが活性化されることはよく知られているが，その点から極めて興味深い．さらに，同著者ら（2021）は，そばを豊富に含む食餌は，実験動物のサーチュイン1と抗酸化状態の調節を通じてビスフェノールAを介した酸化ストレスを軽減することを報告している．また，ダッタンそばについては，S.-Y. Kim らが，ダッタンそば抽出液は，高脂肪食誘発性肥満ラットにおいて，筋肉ペルオキシソーム増殖因子活性化受容体-γ-活性化因子/サーチュイン1発現を増加させることを報告している．この方面の研究は緒についたばかりであり，十分解明されていない．ぜひこの部門の科学的解明が望まれる．

〔Gunilla Wieslander・池田清和訳〕

❦ 3.4 そばアレルギー ❧

そばアレルギーは，免疫グロブリンE（IgE）媒介性の食品アレルギーであり，時折重度のアレルギー反応が起こる（Wieslander, 1996；Wieslander and Norbäck, 2001）．そばアレルギーに関する最初の総説が1996年に出版され（Wieslander, 1996），その後編集され出版された（Wieslander and Norbäck, 2001）．他にも総説記事があり，それはヨーロッパ（Heffler et al., 2014）とオーストラリア（Fok et al., 2019）におけるそばアレルギーに焦点が注がれたものである．

そばアレルギーは，IgE媒介性アレルギーであり，喘息の発作とアナフィラキシーが認められる．そばへの曝露は，そば食品（食物アレルゲン）を摂取したり，そば加工食品を生産もしくは取扱いしたり（職業性曝露），そば枕で睡眠したり（家庭内曝露）すると起こる．いくつかのそばアレルゲンが，普通そばで同定されている（例えば，Fag e 1, Fag e 2, Fag e 3[17] など）．臨床的に関連性のある交差反応性が，そば粉と他の植物（ラテックス（ゴムの木乳液），ココナッツ，キヌア，

---

17 最近は学名 *Fagopyrum esculentum* の中の下線部をとって〈Fag e〉と書く規則になっている．

ピーナッツ, ケシの実) との間にあるという報告がある. 普通そばとダッタンそ
ばとの間の交差反応性に関する臨床研究については, 未だ報告はない.

本節では 2000〜2019 年までの〈PubMed 医学データベース〉を元にそばアレ
ルギーについて述べる.

3.4.1 疫学的知見

そばアレルギーの有病率は, 日本, 韓国, 中国のそばを消費する地域では 0.1
〜0.4% である (ただし, 中国の一部では, より高い有病率を示す地域がある).
種々の国々でのアレルギー診療所での患者では, 2〜7% がそばアレルギーを有し
ていると報告されている. スウェーデンにおいて, 自己申告であるが, セリアッ
ク病患者の約 4% がそばアレルギーを有していると報告されている. 日本の初期
の研究では, 学童期の子供でのそばに関連したアナフィラキシーの有病割合が
10 万人に 4 ケースと報告されている. その後の韓国の論文では, そばアナフィ
ラキシーの有病率が 10 万人に 60 ケースであると報告されている (Norbäck and
Wieslander, 2015). 韓国におけるそばに対するアナフィラキシーを含めた重篤
なアレルギー反応は, 10 万人に 0.01〜0.1 ケースであると報告されている.

3.4.2 そばのアレルゲン

研究当初の日本の学術論文に, 24 kDa タンパク質 (BW24KD) が, 普通そば
の種子における主要アレルゲンとして同定された (Uriso et al., 1994). その後,
韓国の学術論文が, 上述の BW24 KD が主要なアレルゲンであることを事実で
あると証明すると共に, 他にもアレルゲン (19 kDa, 16 kDa および 9 kDa) が存
在し, それらも重要であることを報告した (Park et al., 2000). 最近韓国の論文
で, これらに加え, 他に高分子量のそばアレルゲンタンパク質 (40 kDa, 45 kDa,
48 kDa) が存在し, これらのアレルゲンが小児そばアレルギーにおいて中等度
〜重度のうちどの程度かを予測するのに重要であると報告している (Cho et al.,
2015). 現在, 普通そばのアレルゲンタンパク質は, Fag e 1 (13 S グロブリン),
Fag e 2 (2 S グロブリン), Fag e 3 (7 S グロブリンとビシリン・フラグメント),
Fag e 10 kD (2 S アルブミン) および Fag e TI-2 c (トリプシン阻害物質) であ
ると報告されている (Heffler et al., 2014). Fag e 1 と Fag e 2 が, 普通そばの
主要なアレルゲンであると考えられている (Katayama et al., 2018). その後,

Fag e 3, Fag e 4 と Fag e 5 がそばアレルギーに関係していることが報告されている (Geiselhart et al., 2018). Fag e 2 がラテックスに対して交差反応性を示す関係にあるとみられており，さらにレグミン[18], Fag e 2 と Fag e 5 への付随反応性がそばアレルギーを予測する可能性が報告された (Geiselhart et al., 2018). ダッタンそばのアレルゲンを同定しようとする研究が行われており (Wang et al., 2006), その中には Fag t 2[19]（主要タンパク質 16 kDa）が同定されている (Chen et al., 2011).

3.4.3 そばアレルギーの診断

そばアレルギーは，皮膚プリックテスト[20]，または特定の IgE を測定する方法で診断される．近年，組換えアレルゲンコンポーネントを利用することで Fag e 3 に対する特異的 IgE 抗体検査が進歩している (Maruyama et al., 2016). 食品アレルギーの診断の方法に関する総説の中で，Fag e 3 に対する特異的 IgE が，そばアレルギーの最適のマーカーであると報告されている (Sato et al., 2018). 近年，食物経口負荷試験 (oral food challenge, OFC) が，そばアレルギーの診断に使われるようになってきている．OFC は，食物アレルギーの診断のゴールデン・スタンダードともいわれている．イタリアで，そばアレルギーと疑われる 72 名の患者のうち，30 名の患者 (41.7%) がそば感受性を示し，24 名 (33%) がそば粉 OFC に陽性を示したと報告されている (Heffler et al., 2011). 日本では，そばの OFC を受けた 126 名のうち，18 名 (14%) だけが OFC に陽性であった．そばの抽出液での皮膚プリックテストの方が，ImmunoCAP 特定 IgE システム[21] 法で測定されたそばに対する特異血清 IgE よりも，OFC 値を予測するのに，より有用であるという報告もある (Yanagida et al., 2018). OFC はまれにアナフィラキシーの原因になるので，そばへの OFC 負荷後に起こり得るアナフィラキシーを予測する上で重要と考えられる．日本での 60 名の患者を対象とした OFC そば研究において，Fag e 3 特異血清 IgE が OFC 陽性を予測する唯一の試験ファクターであることが示され，さらに OFC 誘導のアナフィラキシーを予測し得る

18　大豆などのマメ科植物 legume に含まれるタンパク質のこと．
19　*Fagopyrum tataricum* から〈Fag t〉と書かれる．
20　皮膚に点状の傷をつけ，少量のアレルゲンを入れるテスト．
21　蛍光酵素免疫法を原理として特定の IgE を定量化する方法．

要因である可能性が示唆されている．別の報告で, 60 名の患者のうち 20 名(33%)
が OFC 陽性で，そのうちの患者 7 名がアナフィラキシーを示したことが報告さ
れている（Yanagida et al., 2017）.

　そばが，非 IgE 介在性食物アレルギーを引き起こし得るかは不明である．食物
タンパク質誘発腸炎症（food protein-induced enterocolitis syndrome, FPIES)[22]
は，非 IgE 介在性食物アレルギーであり，反復性嘔吐，腹痛，下痢（水様性便）
などを示す．そばによる FPIES は 1 件しか報告がなく，それは日本の 4 歳の男
児で報告されており，診断として OFC とリンパ球刺激試験（LST）で確認され，
皮膚プリックテストとそば粉への特異 IgE には陰性であり，通常の IgE 介在性
そば粉アレルギーとは異なることが判明している（Satou et al., 2019）.

3.4.4　他の食品との交差反応性

　2000～2019 年の 20 年間に，そばと他の食品との間の交差反応性を同定する研
究には数報の論文がある．臨床的に関連する交差反応性が, ココナッツ(Cifuentes
et al., 2015)，キヌア（El-Qutob Lopez et al., 2014)，ピーナッツ（Kobayashi et
al., 2012)，ケシの実（Oppel et al., 2006；Varga, 2011)，ラテックス（Wieslander,
1996) で発見されている．本節の筆者 Norbäck と Wieslander は, 普通そばとダッ
タンそばとの間の交差反応性に関する臨床学的研究がないことを確認している．

3.4.5　そばアレルギー研究の動物モデル

　そばアレルギーに関するマウスモデルが，リン酸化された低アレルギー性 Fag
e 2 の免疫学的効果を調べるために開発された．この減衰活性を示すアレルゲン
が，Th2 誘導アレルギー応答を抑制することが認められている（Katayama et
al., 2018). そばは，ヨーロッパなどではしばしば馬の飼料に用いられることが
ある．ヨーロッパと日本の馬 51 頭の血清の特異的 IgE 活性に関する研究で最も
多かったのがそばアレルギーで, 72.5%の馬（51 頭中 37 頭）がそばアレルゲン
Fag e 2 に対する特異的 IgE を有していることが判明している（Einhorn et al.,
2018).

22　食物タンパク質が起こす腸炎で，アサリや小麦でよく知られている.

3.4.6 職業性曝露

そばアレルギーに関する研究の大部分は，そばを食品アレルゲンの1つとして研究している．しかし，スウェーデンの初期の研究では，臨床診断で高頻度にそばアレルギー患者が発生するのはそば穀粒を包装したり，またはそば製粉に従事し，そのためにそばアレルゲンを吸入する機会の多い労働者であることが明らかになっている（Gothë et al., 1983）．筆者らが2000〜2019年の20年間に刊行された職業性そばアレルギーに関する研究を検索したところ，見つかったのは2報だけであった．1つは日本の研究で，作業に従事する際に防塵マスクを使用することの効率を研究するものである．この研究では，そば麺を製造する食品工場で労働している患者1人について，職業性喘息を引き起こすそばアレルギーが進行していた．この患者は，防塵マスクを使用することによって，呼吸障害を引き起こすことなく仕事に復帰したことが報告されている（Obase et al., 2000）．中国山西省太原市で行われた別の研究では，そば食品を摂取した，またはそば麺の製造に従事している69名の被験者について，そばアレルギーについて研究されている．1名の男性工場労働者が，皮膚プリックテストに陽性を示したが，そば製品を摂取するときや，工場でそば製品を扱うときには，特に症状がみられなかったと報告されている（Wieslander et al., 2000）．

3.4.7 そば外皮製枕による曝露

そばアレルゲン吸入の別の経路は，そばがらを充填した枕での睡眠である．このような枕は，古来，中国，日本，韓国などでふつうに使用されてきているが，現代では世界の他の国々でも広く使用されている．韓国の研究では，そばがら枕からのそばアレルゲンが引き金となって起こった児童の夜間性喘息3例について報告されている．該当児童すべてが皮膚プリックテストに陽性を示す一方で，イエダニアレルギーには陰性であった．全員がそばがら枕を使用しなくなると夜間性喘息は改善されたと報告されている（Lee et al., 2001）．米国の研究で，そばがら枕の使用で喘息が悪化し，アレルギー性鼻炎が悪化した1人の患者の症例が報告されている．この患者は，そばアレルギーに加え，イエダニアレルギーを含む他のアレルギーにも罹患していた．イエダニアレルギー回避措置では症状の改善がみられなかったが，そばがら枕の使用を止めると喘息とアレルギー性鼻炎が改善されたと報告されている（Fritz and Gold, 2003）．中国・北京の著者の研究

所において，アレルギー科による報告で，そばアレルギー患者7名を特定した．
うち5名がそばがら枕を使用しており，著者らは，そばがら枕は中国において
そばアレルゲンに曝露される重要な経路となり得ると結論している（Rui et al.,
2010）．韓国の研究で，合成繊維の枕とそばがら枕におけるエンドトキシン[23]と
イエダニアレルゲンレベル（Der f 1）[24]が比較研究された．両方の枕でDer f 1の
レベルは同程度に低かったのに対して，そばがら枕の使用ではエンドトキシンの
レベルが約12倍も上昇したと報告されている．この研究の著者らは，そばがら
枕は，極めて高いレベルのエンドトキシン源となり得て，このことはアトピー性
喘息の喘息重症度と関係していると結論している（Nam et al., 2004）．

3.4.8　臨床患者におけるそばアレルギー

　クリニックでのそばアレルギーに関する研究は，今日までに多数報告されてい
る．これらの研究報告は，食品アレルギーと診断された患者のうちのそばアレル
ギー患者の割合を算出するのに用いられる．中国・北京の研究で，食物アレルギー
と診断された192名の患者のうち7名がそば過敏性を示した（3.6%）（Rui et
al., 2010）．韓国の研究で，食物アレルギーと診断された415名の成人患者で，31
名（7.4%）がそばアレルギーを示すことが報告されている（Lee et al., 2019）．
別の韓国の研究で，1353名（年齢：0〜18歳）の小児について即時型食物アレル
ギーの有無が調査された．調査された小児のうち，1.9%の小児がそばアレルギー
であった．そのうち，2〜6歳に限ると3.0%で，7〜12歳に限ると13.2%で，13
〜18歳に限ると17.2%であると報告されている（Jeong et al., 2017）．日本では，
世界に先駆けたアレルギー食品の食材料表示決定に向けた事前調査（小学生〜成
人の約1万人対象：厚生労働省, 1998）で各年代層平均約7%の食物アレルギー
罹患率を示し，そばに関しては0.4%であることが報告されている．また，日本
アレルギー学会は，横浜市の小学生（約9万人）を対象にした調査を行い，食物
アレルギー罹患率1.3%，そばのみでは0.22%を報告している．問題となるのは
アナフィラキシーショックの出現率であるが，3.9%を示している．Imamuraら
（2008）はアナフィラキシーショック3.4%（11人/319人中）の出現率を報告し，

23　グラム陰性菌の細部壁成分で毒性を示す．
24　Der f 1は，コナヒョウヒダニが産生するアレルゲンである．当該ダニは角皮落屑物（アカやフケなど）
　　を食し，家具や絨毯，布団などに生息する．

他の食品に比して大きな数値であると述べている．イタリアのアレルギー疾患に関する国民調査で，1954名中70名（3.6％）がそばアレルギーと診断されたと報告されている（Badiu et al., 2013）．

3.4.9 一般住民におけるそばアレルギー

一般住民を対象にしたそばアレルギーに関するいくつかの大規模調査研究がある．学童9万2680名を対象にした，いわゆる「横浜研究」がよく知られており，日本の学童の約0.2％がそばアレルギーであると報告されている（Takahashi et al., 1998）．別に，中国山西省太原市の研究で，1万192名の学童と大学生（年齢：13〜21歳）を対象とし，0.4％がそばアレルギーであると報告されている（Norbäck and Wieslander, 2015）．

スウェーデンでは，そばにはグルテンが含まれていないので，セリアック病の患者が高レベルのそばを消費しており，870名のセリアック病患者のうち，3.9％の患者がそばアレルギーを示したと報告されている（Norbäck and Wieslander, 2015）．

韓国で2000年に行われた研究では，小学生2万7435名（年齢：6〜12歳），中学生1万4777名（年齢：12〜15歳）のうち，自己申告制の形式質問で，25名の小学生（0.09％）と19名の中学生（0.13％）がそばアレルギーであると報告されている（Oh et al., 2004）．その後，2015年に実施された韓国の研究で，2万9843名の学童のうち，約0.13％がそばアレルギーであり，年齢別に分類すると，6〜7歳児で0.03％，9〜10歳で0.10％，12〜13歳で0.17％，15〜16歳で0.18％であったと報告されている（Kim et al., 2015）．

3.4.10 そば誘発アナフィラキシーに関する症例研究

そばに対する重度アレルギー反応は，喘息反応とアナフィラキシーである．そばが誘因となったアナフィラキシーに関する多数の症例が，2000〜2019年の20年間に報告されている．米国の症例として，36歳の男性でそばを摂取した後に2回のアナフィラキシー症状が認められた．当該患者は，そばに重度のアレルギーを示し，以前にそばがら枕で睡眠後にアレルギー性喘息，鼻炎，結膜炎および接触蕁麻疹の経験があったと報告されている（Stember, 2006）．イギリスの研究で，57歳の男性がそば粉を含む自家製パンを摂取後にアナフィラキシーを示し，一

方で 63 歳の女性がそばの入ったミューズリー[25] を摂取した後に喘息反応を示し，両者の患者がそばアレルギーであったと報告されている（Sammut et al., 2011）．ドイツの研究で 3 つのそば誘発性アナフィラシー症例が報告されている．1 つ目の症例は，ラテックスアレルギーとそばアレルギーの両方に罹患している女性（27歳）で，そばを含むミューズリーを摂取後にアナフィラキシーを示した（Schiffner et al., 2001）．2 つ目の症例は，女性（17 歳）で，ケシの実を含む食品の摂取後にアナフィラキシーを示し，当該患者はそば粉とケシの実との間に交差反応性を示した（Oppel et al., 2006）．3 つ目の症例は，女性（37 歳）で，ガレット[26] を摂取後に，命にかかわる重篤なアナフィラキシー反応を示したと報告されている（Plaza and Mahler, 2005）．

　オーストリアの研究報告で，少年（7 歳）が，そば粉を含むケーキを摂取後にアナフィラキシー反応を示した．当該少年は以前にヘーゼルナッツに重篤なアレルギー反応を示し，またケシの実に対する口腔アレルギー症候群に罹患していた．そばアレルギーと共に，11 S グロブリン[27] とヘーゼルナッツとケシの実の 3 つの食品間に交差反応性が確認されたと報告されている（Varga et al., 2011）．イタリアの研究で，女性（20 歳）が，そば粉の混入したピザを摂取後に 4 回アナフィラキシー症状を示した．当該患者はそばに対するアレルギー反応には陰性であったが，そば粉に対する二重盲検プラセボ対照食物負荷試験（DBPCFC）で陽性であったと報告されている（Heffler et al., 2007）[28]．台湾の研究で，女性（32 歳）がそばのおかゆを摂取した後にアナフィラキシーを発症した例において，当該患者は，以前にそばの摂取はなく，そばがら枕も使用していないと述べていたが，そばアレルギーであることは確かであると報告されている（Wang et al., 2006）．

　そば粉による食事依存性運動誘発アナフィラキシーの重篤な症例研究が日本で報告されている．学校給食で昼食にざるそばを摂取後に 50 m プールで全力を出して水泳を行った．その後に 30 分以内にアナフィラキシーを発症した．当該児童はアレルギーによって亡くなり，死後にそばアレルギーであったことが確認さ

25　穀物や木の実，ドライフルーツなどを混合した朝食用のシリアル．
26　フランス・ブルターニュ地方のそば粉と塩でつくるパンケーキ．
27　そばの主要なタンパク質成分．
28　以前に日本ではコンニャク製造に天然づくりらしさを出すためにそばがらの小片を挿入していたことがあったが，現在は法律上不可能となっている．

れた（Noma et al., 2001）．

そばアレルギーは即時型アレルギーであるために，曝露後すぐにアナフィラキシーが起こる．しかし，台湾の症例研究では，二相性そばアナフィラキシーについて記述されており，そば粉に曝露後1日以内に2番目の遅延反応が生じることが報告されている（Yang et al., 2018）．この事実は，アナフィラキシー患者を，少なくとも6～8時間程度の長期間にわたってモニターしなければならないことを示唆しており，もし高血圧症の患者であればより長時間（12～24時間）のモニターが必要であると述べている（Yang et al., 2018）．

3.4.11 アナフィラキシー患者研究

イタリア国内の19のアレルギーセンター内の1110名の患者についての研究では，少なくとも1回のアナフィラキシー症状を呈した患者が58名（5%）いたが，そば粉へのアナフィラキシー症状を呈したのはただ1人で，これは全患者の0.1%，アナフィラキシー患者の1.7%にあたる（Asero et al., 2009）．415名の食物アレルギー成人患者について行われた韓国の研究で，患者全体の約31%がアナフィラキシー症状を呈していた．さらに，25.8%がそばアレルギーを示し，全食物アレルギー患者のうち1.9%がそば関連アナフィラキシー症状を呈した（Lee et al., 2019）．別の韓国の病院を拠点とした研究で，アナフィラキシーの引き金について，アナフィラキシー症状を呈すると診断された991名の児童を対象として調査したところ，全体の740名（74.7%）の児童が食品からのアナフィラキシー症状を示し，これらの児童のうち，そば粉が引き金になっていた児童が48名（6.5%）であったと報告されている（Lee et al., 2016）．

3.4.12 一般住民における重度アレルギー反応

そば誘発アナフィラキシーの有病率と罹患率[29]に関して一般住民を対象にした研究はかなり少ない．前述の「横浜研究」では，そば摂取後に救急処置を必要とするアナフィラキシー症状を経験した児童が，10万人に4名の存在症例（0.004%）であったと報告されている（Takahashi et al., 1998）．2015年に行われた別の韓

---

[29] 有病率（prevalence）は既に当該疾患にかかっている人の割合，罹患率（incidence）は新患者が発生した割合をいう．

国の有病率研究で，そばアナフィラキシーを示した小学生は，10万人に60名の存在症例（0.06%）と報告されている（Kim et al., 2015）．フィンランド・ヘルシンキの研究で，一般住民について重度アレルギーの有病率が研究された．その結果，2000〜2007年の8年間で，530件の重度アレルギー反応が認められ，これは年間発生率に換算すると1/10万人（0.001%）になる．死者は出ていないが，このうち26%は命にかかわる重篤なアナフィラキシーであったと報告されている（Mäkinen-Kijiunen and Haahtela, 2008）．530件の重篤アレルギー反応のうち，5症例（1%）がそばによるものであった．この結果から，ヘルシンキにおける重度のそばのアレルギー反応の罹患率が，年間0.01/10万人であると算出されている．韓国健康保険評価（Korean Health Insurance Review and Assessment, KHIRA）では，全体のアナフィラキシー罹患率が19歳以下の小児で，0.7〜1.0/10万人であると算出されている．アナフィラキシーの原因で最も多いのが食品で（25.9%），死亡例は報告されていない．この報告では，そばが最も多い原因であるとしつつも，臨床歴に関係したアレルギー試験は行われていない（Lee, 2013）．

3.4.13　今後の展望

　そばは，栄養学的価値の高い食品である．しかし，そばにはアレルギーがあるために，その利用が制限されている．特に，我が国では1988年に札幌市内の小学校の給食で，そば摂取によるアナフィラキシーショックで死亡事故が発生した．爾来，そば摂取に注意深くなってきている社会的背景がある．一方で，近年そば以外の食品によるアレルギー，特に小児アレルギーが漸増してきている．アトピー性皮膚炎患者の主要アレルギー感作食品（IgE抗体保有患者検出率）として，卵（27.0%），大豆（19.1%），小麦（13.0），牛乳（11.6%），米（8.2%）があり，これらの食品が5大アレルギー食品となっている（小川，2004）．2023年現在，表示の義務のある特定原材料は，えび，かに，小麦，そば，卵，乳，落花生，くるみの8食品である．

　そばは5大アレルギー食品ではないが，アレルギー上注意の必要な食品である．アレルギーの臨床型でいえば，そばは，蕁麻疹，アナフィラキシーなどの即時型症状を示す代表型であることには注意が要る（石川・橋本，2012）．またそば摂取2時間後に喘鳴，喀血，血便を来した肺ヘモジデローシスも観察されてい

る（Agata, 1997）.

　一般に，アレルギー性食品では，低または無アレルゲン化が重要な研究課題となる．この研究課題に対して，アレルゲンの欠失，除去または分解，生化学的除去，三次構造の改変（変性）などが考えられる．アレルゲンの除去・分解には，育種学的欠失法，物理化学的除去法，微生物利用除去法，生化学的分解法などが考えられる（小川，2004）．育種学的欠失法では，完全ではないが一部の大豆アレルゲンの欠失が報告されている（鐘ヶ江他，2001；Takahashi et al., 1994）.米では，育種学的手法で新しい形質をもつ新形質米が開発赤間芳洋（1993），石谷孝佑（1993）（農業研究センター））され，その中に低アレルゲン米（品種LA-1）が開発されている．物理化学的除去法では特殊な条件下で選択的に除去できることが報告されている（Samoto et al., 1994）.また，微生物利用除去法では，納豆においては，発酵中に大豆タンパク質が分解されて大豆アレルゲンが検出されないことが知られている（小川，2004）.生化学的除去法では大豆や米などでアレルゲン除去にプロテアーゼ処理の有効性が報告されている．米の場合，アレルゲンは種類が少なく，アレルゲンをプロテアーゼを用いて除去することができる方

♠ コラム5　日本国内の食物アレルギー ♥

　日本で最も多い食物アレルギーは，鶏卵で，次いで牛乳，さらに大豆，小麦，米によるもので，これらの食品を5大アレルゲンという．「食物アレルギー診療ガイドライン2016年（2018年改訂版）」（対象は食物摂取後60分以内に症状が出現し，かつ医療機関を受診した患者）によると，原因食品の内訳は，①鶏卵30.0%，②牛乳21.8%，③小麦11.7%，④ピーナッツ5.1%，⑤果物類4.0%，⑥魚卵3.7%，⑦甲殻類3.4%，⑧ナッツ類2.3%，⑨そば2.2%，⑩魚類2.1%，⑪その他4.6%である．一方，アナフィラキシー，特に食事依存性運動誘発アナフィラキシーのみられる食品として，小麦62%，甲殻類28%，そば3%，その他7%という調査（相原，2007）があり，そばも危険性を有している.

　現在表示の義務のある特定原材料は，えび，かに，小麦，そば，卵，乳，落花生，くるみの8食品であり，表示が推奨されているもの（特定原材料に準ずるもの）は，アーモンド，あわび，いか，いくら，オレンジ，カシューナッツ，キウイフルーツ，牛肉，ごま，さけ，さば，大豆，鶏肉，バナナ，豚肉，まつたけ，もも，やまいも，りんご，ゼラチンの20品目である.　　　　　　　　　　　　　　　〔池田清和〕

法論が確立されており，子ども病院などで低アレルゲン米（ファインライス）と
して広く利用されている．

　そばの場合，アレルゲンが数種類存在し，また患者反応がそれぞれ異なるなど
の理由により，「そばを食さない」という方法しか現在のところない．そばアレ
ルゲンを積極的に除去する研究は，今後取り組むべき重要な研究課題である．ま
た，難消化性オリゴ糖などの食品成分にアレルギー抑制効果を示すことが報告（名
倉，2010）されており，一方で核酸などの食品成分がアレルギーになる体質改善
効果を示すことも報告され（八巻，2003），そばアレルギーと他食品成分との相
互作用解析も大変興味深い課題である．納豆のように，発酵法など，アレルゲン
除去を目指した食品加工法の確立が望まれる．池田は，かつて「新規蕎麦加工食
品の開発」で特許を取得したことがあるが，低アレルゲンを目指した新規そば加
工食品の創意と工夫が極めて重要となっている．

〔Gunilla Wieslander・Dan Norbäck，池田清和訳〕

文　　献

赤間芳洋（1993）稲育種最前線．農業機械学会誌，**55**，117-121.

Agata, H. et al.（1997）Pulmonary hemosiderosis with hypersensitivity to buckwheat. *Ann. Allergy Asthma Immunol.*, **78**, 233.

相原雄幸（2007）食物依存性運動誘発アナフィラキシー．アレルギー，**56**(5)，451-456.

Asero, R. et al.（2009）Causes of food-induced anaphylaxis in Italian adults: A multi-cenre study. *Int. Arch. Allergy Immunol.*, **150**, 271-277.

Badiu, I. et al.（2013）Italian study on buckwheat allergy: Prevalence and clinical features of buckwheat-sensitized patients in Italy. *Int. J. Immunopathol. Pharmacol.*, **26**, 801-806.

Bai, C. Z. et al.（2015）Anti-tumoral effects of a trypsin inhibitor derived from buckwheat *in vitro* and *in vivo. Mol. Med. Rep.*, **12**, 1777-1782.

Bushuk, W. and Wringley, C. W.（1974）*Production and Utilization*（Inglett, G. E. ed.）. p.119, Avi Publishers.

Chen, P. et al.（2011）Molecular cloning and characterization of Fag t 2: A 16-kDa major allergen from Tartary buckwheat seeds. *Allergy*, **66**, 1393-1394.

Cho, J. et al.（2015）Significance of 40-, 45-, and 48-kDa proteins in the moderate-to-severe clinical symptoms of buckwheat allergy. *Allergy Asthma Immunol. Res.*, **7**, 37-43.

Cifuentes, L. et al.（2015）Identifiction on cross-reactivity between buckwheat and coconut. *Ann. Allergy Asthma Immunol.*, **115**, 523-525.

Divya, B. et al.（2022）Rutin ameliorates inflammation and improves metabolic function: A comprehensive analysis of scientific literature. *Inflammopharmacology*, **30**, 159-171.

Einhorn, L. et al.（2018）Molecular allergen profiling in horses by microarray reveals Fag e 2 from buckwheat as a frequent sensitizer. *Allergy*, **73**, 1436-1446.

El-Qutob Lopez, D. et al.（2014）Cross-reactivity between buckwheat and quinoa in a patient with eosinophilic esophagitis caused by wheat. *J. Investig. Allergol. Clin. Immunol.*, **24**, 56-71.

Fok, J. F. et al.（2019）Buckwheat allergy in Australia. *Intern. Med. J.*, **49**, 1552-1553.

Fritz, S. B. and Gold, B. L.（2003）Buckwheat pillow-induced asthma and allergic rhinitis. *Ann. Allergy Asthma Immunol.*, **90**, 355-358.

藤巻了知（1924）食物中に含有するビタミンについて. 中央獸醫會雑誌, **37**(6), 523-527.

福永真衣他（2021）I. セリアック病. 日本大腸肛門病学会雑誌, **74**(10), 572-580.

Geiselhart, S. et al.（2018）Concomitant sensitization to legumin, Fag e 2 and Fag e 5 predicts buckwheat allergy. *Clin. Exp. Allergy*, **48**, 217-224.

Gimenez-Bastida, A. et al.（2018）Buckwheat and buckwheat enriched products exert an anti-inflammatory effect on the myofibroblasts of colon CCD-18C. *Food Funct.*, **20**, 3387-3397.

Göthe, C. J. et al.（1983）Buckwheat allergy: Health food, an inhalation health risk. *Allergy*, **38**, 155-159.

Habtemariam, S.（2015）The therapeutic possibility of rutin for Diabetes mellitus. *Mini Rev. Med. Chem.*, **15**, 524-528.

Habtemariam, S.（2016）Rutin: Insigns into its mechanism of action. *Curr. Med. Chm.*, **23**, 860-873.

Hague, S. et al.（1993）Sodium butyrate induces apoptosis in human colonic tumour cell lines in a p53-independent pathway: Implications for the possible role of dietary fibre in the prevention of large-bowel cancer. *Int. J. Cancer*, **55**, 498-505.

早川　享（2013）健康増進に寄与するルミナコイドとしてのレジスタントスターチの働き. 日本醸造協会誌, **108**, 483-492.

He, J. et al.（1995）Oats and buckwheat intakes and cardiovascular disease risk factors in an ethnic minority of China. *Am. J. Clin. Nutr.*, **61**, 366-372.

Heffler, E. et al.（2007）Anaphylaxis after eating Italian pizza containing buckwheat as the hidden food allergen. *J. Investig. Allergol. Clin. Immunol.*, **17**, 261-263.

Heffler, E. et al.（2011）Clinical manifestation, co-sensitization, and immunoblotting profiles of buckwheat-allergic patients. *Allergy*, **66**, 264-270.

Heffler, E. et al.（2014）Buckwheat allergy: An emerging clinical problem in Europe. *J. Allergy Ther.*, **5**, 2.

Ihme, N. et al.（1996）Leg oedema protection from a buckwheat herb tea in patients with chronic venous insufficiency: A single-centre, randomized, double -blind, placebo controlled clinical trial. *Eur. J. Clin. Pharmacol.*, **50**, 443-447.

池田清和（1997）第5章　分子調理学. 田村真八郎・川端晶子編, 21世紀の調理学, 第4巻, pp. 113-143, 建帛社.

Ikeda, K.（2002）Buckwheat composition, chemistry, and processing. *Adv. Food Nutr. Res.*, **44**, 395-434.

今井孝成他（2016）消費者庁「食物アレルギーに関連する食品表示に関する調査研究事業」平成23年即時型食物アレルギー全国モニタリング調査結果報告. アレルギー, **65**(7), 942-946.

Imamura, T. et al.（2008）A survey of patients with self-reported severe food allergies in Japan. *Pediatr. Allergy Immunol.*, **19**(3), 270-274.

石川央朗・橋本光司（2012）食物アレルギー. 日大医学雑誌, **71**(3), 211.

石谷孝佑（1993）日本の米の特性と新形質米の開発. 調理科学, **26**, 365-372.

Javornik, B. and Kreft, I.（1984）Characterization of buckwheat proteins. *FAGOPYRUM*, **4**, 30-38.

Jeong, K. et al.（2017）Age-based causes and clinical characteristics of immediate-type food allergy in Korean children. *Allergy Asthma Immunol. Res.*, **9**, 423-430.

鐘ヶ江亮太他（2001）日本の主要大豆品種中のアレルゲン Gly m Bd 28K の分析. 日本食品科学工学会誌, **48**(5), 344-348.

Kang, M. S. et al. (2021) Isolated from *Fagopyrum esculentum* induces apotosis in human pancreatic cancer. *Anticancer Res.*, **21**, 747-756.

Katayama, S. et al. (2018) Oral immunotherapy with a phosphorylated hypoallergenic allergen ameliorates allergic responses more effectively than intact allergen in a Murine Model of buckwheat allergy. *Mol. Nutr. Food Res.*, **62**, e1800303.

Kawai, Y. (2018) Understanding metabolic conversions and molecular actions of flavonoids *in vivo*: Toward new strategies for effective utilization of natural polyphenols in human health. *J. Med. Invest.*, **65**, 162-165.

Kim, M. et al. (2015) Prevalence of immediate-type food allergy in Korean schoolchildren in 2015: A nationwide, population-based study. *Allergy Asthma Immunol. Res.*, **9**, 410-416.

Kim, S.-Y. et al. (2019) Tartary buckwheat extract attenuated the obesity-induced inflammation and increased muscle PGC-1 a/SIRT1 expression in high fat diet-induced obese rats. *Nutrients*, **11**(3), 654.

Kobayashi, S. et al. (2012) Identification of a new IgE-binding epitope of peanut oleosin that cross-reacts with buckwheat. *Biosci. Biotechnol. Biochem.*, **76**, 1182-1188.

厚生労働省 (1998) 食物アレルギー対策検討委員会報告.

厚生労働省 (2020) 日本人の食事摂取基準 (2020 年版).

厚労省食事摂取基準策定検討会資料 (2020).

Kreft, I. (2001) Buckwheat research, past, present and future perspectives: 20 years of internationally coordinated research. *Fagopyrum*, **8**, 361-366.

Kreft, I. et al. (1996) Dietary value of buckwheat. *Res. Reports Biotechnical Faculty of the University of Ljubljana*, **67**, 73-78.

Kreft, I. et al. (1998) Resistant starch formation following autoclaving of buckwheat (*Fagopyrum esculentum* Moench) groats. An *in vitro* study. *J. Agric. Food Chem.*, **46**, 2020-2023.

Kreft, I. et al. (2003) Rutin in buckwheat: Protection of plants and its importance for the production of functional food. *Fagopyrum*, **20**, 7-11.

Kreft, I. et al. (2004) Nutrient content in buckwheat milling fraction. *Cereal Chem.*, **81**, 172-176.

Kreft, I. et al. (2006) Selenium species in buckwheat cultivated with foliar addition of Se(VI) and various levels of UV-B radiation. *Food Chem.*, **96**(4), 675-681.

Kreft, I. et al. (2009) Selenium and its species distribution in above-ground plant parts of selenium enriched buckwheat (*Fagopyrum esculentum* Moench). *Anal. Sci.*, **25**, 1357-1363.

Kreft, M. (2016) Buckwheat phenolic metabolites in health and disease. *Nutr. Res. Rev.*, **29**(1), 30-39.

Kyung, S. B. et al. (2008) Effect of adlay, buckwheat and barley on lipid metabolism and aorta histopathology in rats fed an obesogenic. *Ann. Nutr. Metab.*, **52**, PMID: 18544971.

Lee, S. C. et al. (2019) Clinical features and culprit food allergens of Korean adult food allergy patients: A cross-sectional single-institute study. *Allergy Asthma Immunol. Res.*, **11**, 723-735.

Lee, S. Y. (2013) IgE mediated food allergy in Korean children: Focused on plant food allergy. *Asia Pac. Allergy*, **3**, 15-22.

Lee, S. Y. et al. (2001) Three cases of childhood nocturnal asthma due to buckwheat allergy. *Allergy*, **56**, 763-766.

Lee, S. Y. et al. (2016) Korean Academy of Pediatric Allergy and Respiratory Diseases Food Allergy and Atopic Dermatitis Study Group. A multicenter retrospective case study of anaphylaxis triggers by age in Korean children. *Allergy Asthma Immunol. Res.*, **8**, 535-540.

Li, L. K. et al. (2018) Buckwheat and CVD risk markers: A systematic review and meta-analysis. *Asia Pac. J. Clin. Nutr.*, **26**, 630-636.

Lin, R. F. (1994) *Buckwheat in China*. pp. 226-243, Agricultural Publishing House.

林　汝法（2013）苦蕎挙要．中国農業科学技術出版社．

Lu, C. L. et al.（2017）Uncovering the relationship and mechanisms of Tartary buckwheat（*Fagopyrum tataricum*）and Type II diabetes, hypertension, and hyperlipidemia using a network pharmacology approach. *Peer J.*, doi：10.7717.

Mäkinen-Kiljunen, S. and Haahtela, T.（2008）Eight years of severe allergic reactions in Finland. a register based report. *World Allergy Organ J.*, **1**, 184-189.

Maruyama, N. et al.（2016）Clinical utility of recombinant allergen components in diagnosing buckwheat allergy. *J. Allergy Clin. Immunol. Pract.*, **4**, 322-323.

文部科学省（2020）日本食品標準成分表 2020 年版（八訂）．

森田雄平（1984）第 4 章　米について．藤巻正生他編，米・大豆と魚，光生館．

Murota, K. et al.（2000）Efficiency of absorption and metabolic conversion of quercetin and its glucosides in human intestinal cell line Caco-2. *Arch. Biochem. Biophys.*, **384**(2), 391-397.

名倉泰三（2010）難消化性オリゴ糖による抗アレルギー免疫調節．化学と生物，**48**(4), 234-236.

Nam, H. S. et al.（2004）Endotoxin and house dust mite allergen levels on synthetic and buckwheat pillows. *J. Korean Med. Sci.*, **19**, 505-508.

新島　繁・薩摩列一編（1985）蕎麦の世界．柴田書店．

Noma, T. et al.（2001）Fatal buckwheat dependent exercise-induced anaphylaxis. *Asian. Pac. Allergy Immunol.*, **19**, 283-286.

Norbäck, D. and Wieslander, G.（2015）How common is buckwheat allergy in Sweden and China? Proceedings from Euro-Ibra 2015. European Regional IBRA meeting, 10th-12th December 2015. Natural Museum of Natural History.

Obase, Y. et al.（2000）Two patients with occupational asthma who returned to work with dust respirators. *Occu. Environ. Med.*, **57**, 62-64.

小川　正（2004）最近の食物アレルギー事情とその対策―低・抗アレルギー加工食品の開発と食生活．ビタミン，**78**, 599.

Oh, J. W. et al.（2004）Epidemiological change of atopic dermatitis and food allergy in school-aged children in Korea between 1995 and 2000. *J. Korean Med. Sci.*, **19**, 716-723.

王　才藶（1959）フラボノイドの組織化学的研究―ヘスペリジンおよびルチンを中心として．ビタミン，**17**, 347-364.

Oppel, T. et al.（2006）Cross-sensitization between poppy sead and buckwheat in a food-allergic patient with poppy seed anaphylaxis. *Int. Arch. Allergy Immunol.*, **140**, 170-173.

小沢　光（1951）ルチン類似化合体の薬理学的並びに化学的研究（第 6 報）―3′, 4′-Dihydroxyflavonol の体内変化，排泄及び毒性について．*YAKUGAKU ZASSHI*, **71**(11), 1191-1194.

Park, J. W. et al.（2000）Identification and characterization of the major allergens of buckwheat. *Allergy*, **55**, 1035-1041.

Pande, S. et al.（2020）Dietary buckwheat enhances sirtuin1 without calorie restriction. *J. Cereal Sci.*, **94**, 103004.

Pande, S. et al.（2022）Buckwheat-enriched diet alleviates bisphenol A mediated oxidative stress via modulation of sirtuin 1 and antioxidant status in experimental rats. *Food Chem.*, **373B**(30), 131507.

Paul, I. M. et al.（2016）Effect of honey, dextromethorphan, and no treatment on nocturnal cough and sleep quality for coughing children and their parents. *Arch. Pediatr. Adolesc. Med.*, **161**, 1140-1146.

Peng, L. X. et al.（2015）Flavonoids, antioxidant activity and aroma compounds analysis from different kinds of Tartary buckwheat tea. *Indian J. Pharm. Sci.*, **77**, 661-667.

Peng, W. et al.（2015）Antitumor activity of tatariside F isolated from roots of *Fagopyrum tataricum* Gaertn. against H22 hepatocellular carcinoma via up-regulation of p 53, Phytomedicine.

Phytomedicine: Intl. J. Phytotherapy Phytopharmacology, **22**, 732-736.

Plaza, T. and Mahler, V. (2005) Anaphylactic shock due to French galette. Type I allergic reaction to buckwheat. *Hautartz*, **56**, 160-163.

Qui, J. et al. (2007) Protective effect of Tartary buckwheat on renal function in type 2 diabetics: A randomized controlled trial. *Ther. Risk Manag.*, **12**, 1721-1727.

Qui, J. et al. (2016 a) Dietary Tartary buckwheat intake attentuates insulin resistance and improves lipid profiles in patients with type 2 diabetes: A randomized controlled trial. *Nutr. Res.*, **36**, 1392-1401.

Qui, J. et al. (2016 b) Dietary Tartary buckwheat intake attenuates insulin resistance in patients with type 2 diabetes: A randomined controlled trial. *Ther. Clin. Risk Manag.*, **12**, 1721-1727.

Rice-Evans, C. et al. (1999) The small intestine can both absorb and glucuronidate luminal flavonoids. *FEBS Lett.*, **458**(2), 224-230.

Rui, T. et al. (2010) Seven Chinese patients with buckwheat allergy. *Am. J. Med. Sci.*, **399**, 22-24.

Sammut, D. et al. (2011) Buckwheat allergy: A potential problem in 21st century Britain. *BMJ Case Reports*, 4882.

Samoto, M. et al. (1994) Simple and efficient procedure for removing the 34kDa allergenic soybean protein, Gly m I, from Defatted Soy Milk. *Biosci. Biotech. Biochem.*, **58**(11), 2123-2125.

Sato, S. et al. (2018) How to diagnose food allergy. *Curr. Opin. Allergy Clin. Immunol.*, **18**, 214-221.

Satou, T. et al. (2019) Food protein-induced enterocolitis syndrome caused by buckwheat. *Pediatr. Int.*, **61**, 1058-1059.

Scheppach, W. (1994) Effects of short chain fatty acids on gut morphology and function. *Gut*, **35**, 35-38.

Schiffner, R. et al. (2001) Anaphylaxis to buckwheat. *Allergy*, **56**, 1020-1021.

Schramm, D. D. et al. (2001) Honey with high levels of antioxidants can provide protectionto healthy human subjects. *J. Agric. Food Chem.*, **51**, 1732-1735.

Sharafetdinov, K. K. et al. (2015) Influence of cookies with a modified carbohydrate profile on postprandial glycemia in patients with type 2 diabetes. *Vopr. Pitan.*, **84**, 92-98.

Shen, L. et al. (2013) Anti-arthritic activity of ethanol extract of *F. cymosum* with adjuvant-induced in rats. *Pharm. Biol.*, **51**, 783-789.

島雄満子・高橋和郎 (1977) 再発生した脚気患者の食生活について. 栄養と食糧, **30**(6), 411-417.

Skeritt, J. H. (1986) Molecular comparison of alcohol-soluble wheat and buckwheat proteins. *Cereal. Chem.*, **63**, 365-369.

Skrabanja, V. and Kreft, I. (1998) Resistant starch formation following autoclaving of buckwheat (*Fagopyrum esculentum* Moench) groats. An *in vitro* study. *J. Agric. Food Chem.*, **46**, 2020-2023.

Solomon, H. (2016) Rutin as a natural therapy for alzheimer's disease: Insights into its mechanisms of action. *Curr. Med. Chem.*, **23**(9), 860-873.

Stanley, A. et al. (1987) *Corn: Chemistry and Technology*. AACC.

Stember, R. H. (2006) Buckwheat allergy. *Allergy Asthma Proc.*, **27**, 393-395.

Sui, C. et al. (2022) Rutin inhibits the progression of osteoarthritis through CBS-mediated *RhoA/ROCK* signaling. *DNA Cell Biol.*, **41**(6), 617-630.

Takahashi, K. et al. (1994) An induced mutant line lacking the α subunit of β-conglycinin in soybean (Glycine max (L.) Merril). *Breed. Sci.*, **44**, 65-66.

高石清和・鳥井芳子 (1969) 漢方煎剤の研究（第1報）―水溶液中のデンプンと薬物の結合. *YAKUGAKU ZASSHI*, **89**(4), 538-543.

高橋由利子他 (1998) 横浜市の小学生9万人を対象としたそばアレルギー罹患率調査―養護教諭へのアンケートから. アレルギー, **47**(1), 26-33.

Uriso, A. et al. (1994) Indentification of a major allergen of buckwheat seeds by immunoblotting methods. *Allergy Clin. Immunol. News*, **6**, 151-155.

Varga, E. M. et al. (2011) Anaphylaxis to buckwheat in an atopic child: A risk factor for severe allergy to nuts and seeds?. *Int. Arch. Allergy Immunol.*, **156**, 112-116.

Vetrani, C. et al. (2007) Fibre-enriched buckwheat pasta modifies blood glucose response compared to corn pasta in individuals with type 1 diabetes and celiac disease: Acute randomized controlled trial. *Arch. Pediatric. Adolesc. Med.*, **161**, 1140-1146.

Wang, T. C. et al. (2006) Buckwheat anaphylaxis: An unusual allergen in Taiwan. *Asian Pac. J. Allergy Immunol.*, **24**, 167-170.

Wang, Z. et al. (2006) Cloning, expression and identification of immunological activity of an allergenic protein in Tartary buckwheat. *Biosci. Biotech. Biochem.*, **70**, 1195-1199.

Wieslander, G. (1996) Review on buckwheat allergy. *Allergy*, **51**, 661-665.

Wieslander, G. and Norbäck, D. (2001) Buckwheat allergy. *Allergy*, **56**, 703-704.

Wieslander, G. et al. (2000) Buckwheat allergy and reports on asthma and atopic disorders in Taiyuan City, Northern China. *Asian Pac. Allergy Immunol.*, **18**, 147-152.

Wieslander, G. et al. (2011) Eating buckwheat cookies is associated with the reduction in serum levels of myeloperoxidase and cholesterol: A double-blind crossover intervention study in day-care centre staffs. *J. Ex Med.*, **225**, 123-130.

Wieslander, G. et al. (2012) Effects of common and Tartary buckwheat consumption on mucosal symptoms, headache and tiredness: A double-blind crossover intervention study. *J. Food Agr. Environ.*, **10**, 107-110.

八巻幸二 (2003) アレルギー性炎症反応を調節する食品成分. 日本食品科学工学会誌, **50**, 295-302.

山下政三 (1985) 脚気の歴史－ビタミン発見以前. 東大出版会.

Yanagida, N. et al. (2017) Reactions of buckwheat-hypersensitive patients during oral food challenge are rare, but often anaphylactic. *Int. Arch. Allergy Immunol.*, **172**, 116-122.

Yanagida, N. et al. (2018) Skin prick test is more useful than specific IgE for diagnosis of buckwheat allergy: A retrospective cross-sectional study. *Allergol. Int.*, **67**, 67-71.

Yang, P. H. et al. (2018) Biphasic buckwheat anaphylaxis: Case report and systematic review. *Asian Pac. J. Allergy Immunol.*, **36**, 244-247.

安本教傳他 (2013) 栄養科学の歴史. 講談社サイエンティフィク.

Ye, F. et al. (2023) Rutin ameliorates inflammatory pain by inhibiting P2X7 receptor in mast cells. *J. Physiol. Biochem.*, **79**(2), 287-295.

吉田宗弘 (1992) 日本人のセレン摂取と血中セレン濃度. 日本栄養・食糧学会誌, **45**(6), 485-494.

4 そばのおいしさの科学

❧ 4.1 そばの製粉とそば粉の種類 ☙

4.1.1 そばの実と製粉

　穀類は，その利用する形態から，そのままの形態で食する粒食と粉にして食する粉食とに分けられる．米は粒食に分類され，玄米 100 g から米ぬかの部分約 8 % を除去し，精白米（精白度：約 92 %）が得られる．この操作を搗精という．一方，そばの場合は，基本的に小麦の製粉と同じである．

　一般に，そばの実のことを種実とよんでいる．これは，植物学上の果実と種子とを混合した表現で（長友，1976），そばが植物学上「一果実一種子」（1 つの果実の中に 1 つの種子があるという意味）とよばれる構造をしていることに由来する．収穫後の黒色のそばの実（玄そば．玄は黒色の意）を手に取ると，黒色の外皮（果皮またはそばがら）がついており，これを外すと，黄緑色をした薄皮が胚乳部分に付着した種が出てくる．この薄皮を種皮とよぶ．上述の通り，そばは「一果実一種子」で，黒色の外皮のついた果実とその中の黄緑色の種皮（甘かわ）のついた種子からなっており，そばの実は，全体として「痩果（achene）」とよばれる果実である．外皮（そばは果実なのでこれを果皮という）が簡単にはがれるので，これを外した「むき実」という段階を経て製粉する．小麦の場合には，果皮が簡単にはがれないので，篩い分けによってふすまを除去した後，製粉する．

　そばの製粉手順を述べる．そばは，米と違って，粒の内部が比較的柔らかいという特徴がある．このために，製粉機や石臼にかけると，まず粒が割れて内層（内層粉）が出てくる．製粉が進むとより硬い表層部に向かって順次製粉される．前処理について，収穫された玄そばを乾燥させる．乾燥させた玄そばについて石や

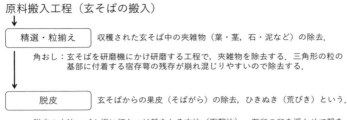

原料搬入工程（玄そばの搬入）

| 精選・粒揃え | 収穫された玄そば中の夾雑物（葉・茎，石・泥など）の除去． |

角おし：玄そばを研磨機にかけ研磨する工程で，夾雑物を除去する．三角形の粒の
基部に付着する宿存萼の残存が崩れ混じりやすいので除去する．

| 脱皮 | 玄そばからの果皮（そばがら）の除去，ひきぬき（荒びき）という． |

脱皮の方法：ゴム板に打ちつけ殻をとる方法（衝撃法），石臼の臼を浮かせて殻を
とる方法などがある．

図 4.1　そば粉のできる工程

殻を除去したそばを抜き実（またはぬき）という．殻が分離され，白い胚乳部が
大きく挽き割られる．この際に出る少量の粉が花粉とよばれ，そば打ちのときに
打ち粉として使われる．外皮だけをとり割れないでそのままの形のものを丸抜き
という．割れたものは，大きさの順で上割れ（2〜3 つに大きく割れたもの），小
割れ（5 つくらいに割れ 2.5 mm 程の粒になったもの）とよばれる．

泥などの夾雑物の除去を行う．

　上割れだけをとって製粉したものを「さらしな粉」といい，これで麺をつくっ
たものは「さらしなそば」（御前そば，お殿様に献上する意）とよばれ，上品な
甘みがある．上割れを除いた残りとさらしな粉を取った残りを混ぜたものが，普
通のそば粉となる．

4.1.2　ロール製粉

　鋳物鉄製のローラー 2 つを高速回転させ，そこへそば抜き実を入れて製粉する．
ロール製粉を開始すると，初めに軽く挽いたときに出る粉を「一番粉」とよぶ．
これは 3 章の表 3.1 に示す食品成分表の内層粉にあたる．この粉は白色で，甘み，
うま味，香りに富んでおり上等なそば切りになる．篩（sifter）で一番粉を分離
した後のまだ粉になっていない部分をロール製粉機にかけたときに，続いて出て
くる粉は「二番粉」とよばれ，成分表の中層粉にあたる．二番粉を篩で分離した
後のまだ粉になっていない部分をロール機にかけて出てくる粉は「三番粉」とよ
ばれ，成分表の表層粉にあたる．一番粉と二番粉と三番粉を併せたものが，成分
表の全層粉にあたる．二番粉と三番粉を併せてつくるそばが，ふつう「田舎そば」
とよばれる粉で，香りと独特の粘りとあくがある粉である．

　三番粉を挽いた残りを「さなご」という．または末粉や四番粉ともいう．香り
は強いが，食感は極めて悪い．

4.1.3　石臼製粉

　石臼は，上臼と下臼からなっている．臼が接する面には溝が刻んであり，溝の数は色々ある．例えば石臼の円形を8等分に大きく分ける主な溝（主溝）があり，その8つの主溝の中を斜めに刻んだ溝（副溝）が6つあるとすると，この場合は8分画6溝式とよぶ．上臼の刻み面と下臼の刻み面を重ね合わせ回転させると，それぞれの目の交点は，臼の中心部から外周方向へ移動していくことになる．これが巧妙な送り出しの仕組みになる．さらに，粉砕しながら送り出す仕組みにはもう1つあり，上下臼の合わせ面に微妙な隙間（ふくみ）があり，臼の中心から外周方向へ次第に狭くなっている．上下臼の接触部の幅が広いか狭いかに粉の性質が大きく影響されるので，これが臼の調整の要となる（三輪，1985）．クレフト氏は，「日本の石臼はコンパクトになっていて使いやすい．ヨーロッパの石臼は，かなり大型で日本のものに比べて使いにくい」という（クレフト，私信）．

　石臼製粉の特徴として，粒度分布が広い点がある．

　石臼挽き粉とロール挽き粉の粒度分布を図4.2に示す（Asami et al., 2009）．ロール挽き粉は，粒子サイズが一様分布となっている．これに比べると，石臼挽き粉は，粉の分布が大きく2つの山に分かれている．藤村和夫（有楽町更科四代目，私信）によると，「伝統的江戸風そば打ちでは，そば粉には2種類の粉に大別され，1つは粗い粉でそばの香りを運んでくれて，もう1つの粉は細かい粉で粉同士のつなぎのような働きをして麺作りにかかわり，2つの粉を併せて美味なそば切りができる」という伝承がある．図4.2の左に認められる2つの山はそのような伝承を表していると推察される．

　他の石臼製粉の特徴として，ロール製粉の粉が平らであるのに対して，石臼製粉の粉は丸みをおびている．また，このような特徴があるために，製麺時のつな

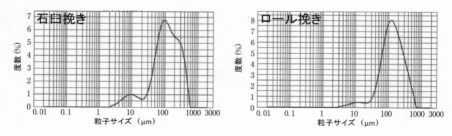

図4.2　石臼挽き粉とロール挽き粉の粒度分布

図4.3 イタリアのピッツォッケリ

がりが良いといわれる（全麺，2014）．

　他方，玄そばごと石臼で挽きつぶして粉にし，得られたそばがらを含むそば粉を篩にかけて，そばがらを除去して得た粉を「挽きぐるみ」とよぶ．この場合は一番粉などの分画は行わず，色の濃い，香りの強いそば粉が得られる．出雲そばは，このようなそば粉を用いるので有名である．イタリアに，「ピッツォッケリ（pizzoccheri）」（図4.3）という麺状のパスタがあるが，これは挽きぐるみのようにそばがらが混入しているパスタで，食するとガリガリというような食感がするのが特徴である．筆者らの研究（Asami et al., 2010）によると，そば生地にそばがらを入れると，硬さが増大し，一方で弾力性などの低下が起こるなど，独特の食感が出てくることが認められている．　　　　　　　　　　　　〔池田清和〕

❧ 4.2 そばの美味特性の科学 ❧

4.2.1 食べ物の美味特性

　食べ物は，ヒトが生きていく上で必要不可欠なものである．ヒトは，毎日食べ物を食することによって，生命を維持し，健康な日常生活を営んできている．食べ物には，3つの機能があるといわれ，1つ目は「栄養生理機能」，2つ目は「美味特性（おいしさ）にかかわる機能」，3つ目は「生体調節機能」である．2つ目の「美味特性にかかわる機能」は，ヒトに「おいしさを与えてくれる」，つまり食事に楽しみを与えてくれる機能である．ヒトは多種多様な栄養素を含んでいても，味や香り，食感の悪いものは，食べ物として利用してこなかった．

　食べ物の美味特性には，「食べ物側のもつ要因」と「ヒト（食べる）側のもつ要因」，さらには，「摂食環境要因」が関係している（山崎他，2011；青木，2011）．表4.1に食べ物の美味特性に関係する要因を整理して示した．表に示した多くの要因が

表 4.1 食べ物の美味特性に関係する要因

食べ物側のもつ要因	化学的感覚要素	味（甘味，酸味，塩味，苦味，うま味，辛味，渋味），香りなど
	物理的感覚要素	食感，温度など
	外観の要素	色，つや，盛りつけなど
ヒト（食べる）側のもつ要因	生理状態	年齢，食欲，空腹感，健康状態，口腔内状態など
	心理状態	喜怒哀楽の感情，精神の緊張度など
摂食環境要因	食環境	食習慣，食経験，食文化など
	外部環境	天候，気温，湿度，食卓の状況，明るさなど

相互に影響し合って，食べ物がヒトにとって美味かどうかが評価される．

　世界的に好まれる味や食感もあれば，国ごとに，あるいは地域ごとに，さらにいうと家族や個人ごとに好まれる味や食感もある（山崎他，2011）．つまり，食べ物の美味特性には，普遍性と独自性とが存在する．そばの美味特性は，独自性が強いものと考えられている．

　グローバルに，多くの人達にとって美味の点からアクセプタブルな食べ物（AFと略記，ハンバーガー，フライドチキン，抹茶カフェラッテなど）が存在している．また，食品工業界では，人々をより魅了する AF の開発が盛んに行われている．一方で，そば料理や，天ぷら料理，寿司，うどんなどは日本古来の食品であると考えられているが，近年では多くの外国人が日本古来の食べ物を好む傾向が認められる．何故このような AF や日本食を多くの人が美味だと感じるのかを考えた場合に，美味には普遍性があると考えられ，美味の普遍性の理論，美味学を確立する必要性がある．また，美味を表現する用語，例えば，おいしい，tasty，delicious，palatable，délicieux，buono，rico，lecker，好吃などは同じ内容を伝えているのであろうかという疑問が浮かぶ．また，食感を表わす形容詞，例えば，crunchy や crispy などとサクサク，パリパリなどは同じことを意味しているのかについて，美味学の視点から，感性化学，多変量解析などの手法で科学的に分類を試み，分類された食品の美味性を SI などの絶対単位系で表現することが，当面の課題である．SI 単位系で表現できれば，製造者の経験や感性に依存せずに，美味な食品の製造が可能になる．

　美味の普遍性に加えて，美味の独自性も存在すると考えられる．例えば，たぬきそばや納豆，卵焼き，にぎりと箱寿司などの食品は東日本と西日本で嗜好性が

明らかに異なっている．このような相違をどのように理論化し表現するのかも美味学の1つの課題である．近い将来に「グローバルな美味学」が大いに発展することが期待されている．たとえば，Matcha Café Latte は，日本語，フランス語，イタリア語からなる合成語で，発祥が米国である．まさに国際的な飲料で，グローバルな美味学の論議をするには適当な材料であると思われる．

4.2.2 そばの美味特性

そばの美味特性に関しては，独自性が強いことからも多くの関心がもたれているが，当該知見は，十分に得られているとはいえない．そばの美味特性の学問的解析は，近年の重要な研究課題となっている．

そばは，栄養学上は，米や小麦，トウモロコシなどと同じ「穀類」に分類されている．西成（2003）は，米飯，パン，麺類などの日常で多く食する穀類食物はそれ自体に化学的な味の強くないものが多く，これらの食物の美味特性を決めるのは主としてテクスチャーをはじめとする物理的要因であることは明白であると報告している．そこで，米飯，パン，麺類などの美味特性は，物性解析を中心とする研究が進められており，そばについても，物性解析を中心に麺などの加工食品の美味特性研究が進められている．さらにそばは，他の穀類と比較して，特有の香りをもつことが知られている．香りについても，そばの美味特性に深く関与することが報告されている（青木・小泉，1986；川上他，2008）．

a. そばの物性

食べ物の物性は，「歯ごたえ」や「口あたり」などの感覚（食感）に関与している（表4.1）．これらの感覚的性質は，客観的にテクスチャー特性やレオロジー特性として測定される（川端，1989）．テクスチャー特性測定では硬さや凝集性，付着性などの物性値が，レオロジー特性測定では粘弾性や破断応力，もろさ応力などの物性値が得られる（川端，1989）．そば生地や麺についてこれら諸々の物性値が測定され，その美味特性解析が進められている．

(1) そば粉による相違と他の穀類との相違

図4.4にそば粉3種および小麦粉（中力粉）で調製した麺の物性を比較した結果を示した（Ikeda et al., 2004）．破断試験は，破断応力やもろさ応力を測定するもので，麺の「歯ごたえ」を評価するのに用いられる．もろさ応力は，調理後時間の経った麺（すなわち，のびた麺）で検出される物性値で，麺の物性において

(1)破断試験

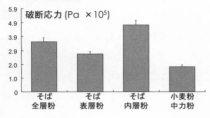

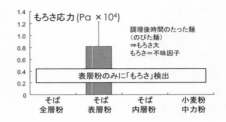

(2)引張り試験

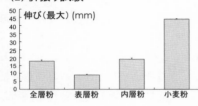

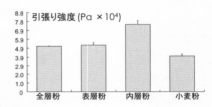

図4.4　そば麺および小麦粉麺の破断・引張り特性

は不味の因子であると考えられている．一方，引張り試験は，伸びや引張り強度などを測定するもので，麺が「よくつながっているか・切れやすいか」の評価指標となる．そば粉による違いでは，歯ごたえの強さを評価する破断応力において，内層粉麺は歯ごたえが強く，表層粉麺は弱いことが示されている．「さらしなそば」は歯ごたえのある麺であることがわかる．麺にとっては不味因子と考えられる「もろさ」は，表層粉にのみ出現する．この結果からは，表層粉麺が不味であるようにみえる．しかし表層粉は，その粉のみで麺を調製することはあまりせず，香りの強い麺を調製する際に全層粉に少し加えるなどして活用される．そば麺と小麦粉麺の違いとしてはまず破断応力（歯ごたえ）で，そば麺は小麦粉麺よりも強い．また引張り試験の伸びからは小麦粉麺よりも切れやすいという特徴をもつことがわかる．

　図4.5には，そば粉，小麦粉を含めた数種類の穀類粉で調製した生地のテクスチャー特性を比較した結果を示した（Asami et al., 2006）．テクスチャー試験は，ヒトの口腔内の食感を総合的に表現することができる試験である．テクスチャー試験は4つの物性値として表現され，このうち硬さは歯ごたえに関係し，凝集性は生地のまとまりやすさに関係し，弾力性はもちもち感に関係し，そして咀嚼性

は噛み切りにくさに関係する．それぞれの穀類粉のテクスチャーには特徴があり，特にダッタン種を含むそばは，他の穀類粉に比べて硬さや咀嚼性などが比較的高

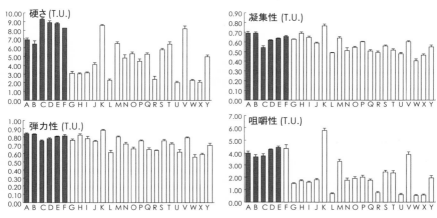

図 4.5　そば，小麦を含めた穀類生地のテクスチャー特性

A：普通種そば粉①，B：普通種そば粉②，C：ダッタン種そば粉①，D：ダッタン種そば粉②，E：ダッタン種そば粉③，F：ダッタン種そば粉④，G：強力粉，H：中力粉，I：薄力粉，J：デュラム小麦粉，K：浮粉，L：上新粉，M：とうもろこし粉，N：はと麦粉，O：ライ麦粉，P：大麦粉，Q：はったい粉，R：アマランス（アマランサス）粉，S：キノア（キヌア）粉，T：あわ粉，U：きび粉，V：ひえ粉，W：あわ粉（もち），X：きび粉（もち），Y：もろこし粉．

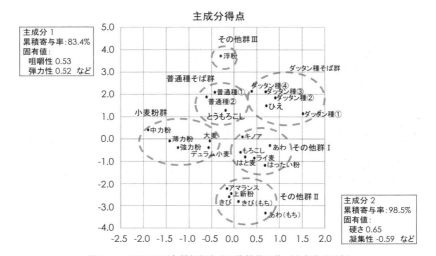

図 4.6　そばおよび各種穀類生地の物性値に基づく主成分分析

いことがわかる．そばおよび他の穀類粉の物性の特徴をより理解するために，物性値を主成分分析にかけた結果を図4.6に示した（Asami et al., 2006）．普通種そば群，ダッタン種そば群，小麦粉群，その他穀類群 I, II, III のおよそ6グループに分類され，普通種そば，ダッタン種そばは，他の穀類とは独立してそれぞれ1つずつのグループに分かれている．そばは特有の物性をもつことがこの結果から理解できる．一方，とうもろこし粉は普通種そば群に，ひえ粉はダッタン種そば群に重なり，それぞれが比較的近い物性上の特徴を示すという興味深い結果が示されている．そばととうもろこしが，それぞれ調理されポレンタができることは興味深い（6.2.4項）．

(2) 品種による相違

そばの品種については，2.3節でも述べた通り，在来種を含め多くの品種が存在する．図4.7に示す通り，そばは品種により生地のテクスチャー特性には大きな差異があることが報告されている（Asami et al., 2008）．Ikeda らは，そばの物性には，そばのタンパク質やデンプンが関与していること（図4.8および図4.9）を報告しており，そば品種間のタンパク質およびデンプンの含量の違いが生地の物性に影響を及ぼすものと考えられる（Ikeda et al., 1997；1999）．一方，そば

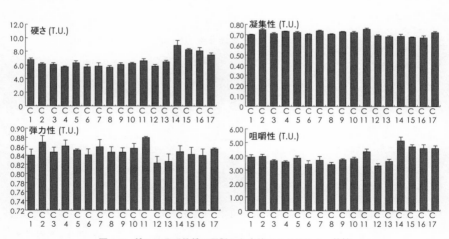

図4.7　種々のそば品種で調製した生地のテクスチャー特性
C1：秋そば，C2：ぼたん，C3：でわかおり，C4：福井在来，C5：階上早生，C6：常陸秋そば，C7：岩手早生，C8：鹿児島在来，C9：キタワセソバ，C10：最上早生，C11：大野在来，C12：信濃1号，C13：信州大そば，C14：Koma，C15：Koto，C16：Mancan（カナダ産），C17：Mancan（中国産）．

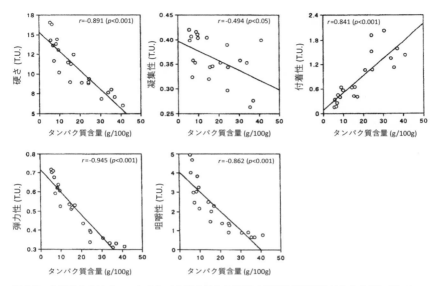

図 4.8 そばのテクスチャーとタンパク質含量との関係（多種そば分画物による分析）（Ikeda et al., 1999）

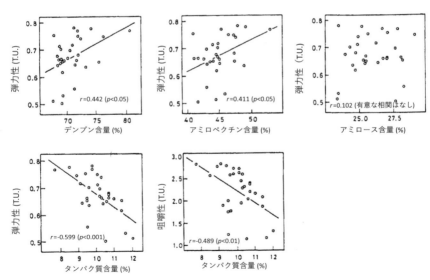

図 4.9 そばのテクスチャーとデンプンおよびタンパク質含量との関係（多種そば品種・在来種による分析）（Ikeda et al., 1997）

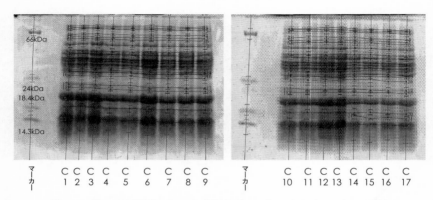

図 4.10　種々のそば品種のタンパク質組成（アルブミンおよびグロブリン画分）
C1：秋そば，C2：ほたん，C3：でわかおり，C4：福井在来，C5：階上早生，C6：常陸秋そば，C7：岩手早生，
C8：鹿児島在来，C9：キタワセソバ，C10：最上早生，C11：大野在来，C12：信濃 1 号，C13：信州大そば，
C14：Koma，C15：Koto，C16：Mancan（カナダ産），C17：Mancan（中国産）.

のタンパク質の組成も品種間で異なることが示されており（図 4.10），タンパク
質組成のうちのいくつかの成分と物性値との間にも有意な相関関係が認められて
いる（Asami et al., 2008）．物性値と強い相関関係を示すタンパク質成分をター
ゲットにした育種は，優れた食感をもつ新しいそば品種の開発につながることが
指摘されており，今後の応用研究が期待されている.

（3）そばの「三たて」の科学

「三たて」は，そば麺を美味な状態で食するための条件である「挽きたて」「打
ちたて」「茹でたて」のことを指し，昔からの言い習わしである（日本麺類業団
体連合会，2003）．「挽きたて」は，製粉したてのことを意味している．そば粉は，
製粉した後の時間の経過と共に香気成分が消失していくことが報告されているが
（青木・小泉，1986），物性値の変化については，報告がなくよくわかっていない.「打
ちたて」は，製麺したてのことを意味している．古来うどんは伸びやすいがそば
は切れやすいというが，図 4.4(2) で示したようにそば麺はうどんと比べて切れ
やすく，さらに製麺した後の時間経過と共に麺生地中の水分の蒸発により，より
麺が切れやすくなる（Asami et al., 2022）．したがって，製麺後すぐに調理する
ことが重要となる．「茹でたて」は，茹でてすぐに食さないと，時間経過と共に
麺が「のびて」しまうことをいう．茹でた後のそば麺は，時間経過により物性値
のもろさ応力が大きくなり（Asami et al., 2022），不味になる.

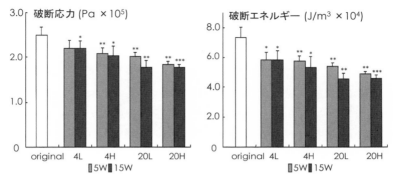

図 4.11 そば種子の貯蔵に伴うそば麺の破断特性の変化
original：保存なし．4 L：4℃で低湿度貯蔵，4 H：4℃で高湿度貯蔵，20 L：20℃で低湿度
保存，20 H：20℃で高湿度保存．5 W：5 週間貯蔵，15 W：15 週間貯蔵．
＊：$p<0.05$，＊＊：$p<0.01$，＊＊＊：$p<0.001$.

　ところで，「三たて」に加えて「穫りたて」も重要な要素であるといわれている（こ
れを加えて「四たて」という）（日本麺類業団体連合会，2003）．そばの種子は通
常，収穫されたのち乾燥して貯蔵・保管される．そば麺の美味特性を左右するの
は，保管状態と保管期間である．高温，多湿，長期間になるほど，そば麺の美味
性の要因である破断特性が低下してしまう（図 4.11）（Asami and Ikeda, 2005）．

b. そばの香気成分

　そばに限らず香気成分は揮発性成分であり，加工などの影響を受けると消失し
てしまう可能性がある．そば粉の香り成分としては，n-ヘキセナール，n-ノナナー
ルなどのアルデヒドや，2-オクタノールなどのアルコールが報告されている（青
木他，1981）．また，挽きたてのそば粉の香りを特徴づける成分として，ノナナー
ル，ヘキサナールが重要であると報告されている（青木・小泉，1986）．また一
方，茹でたそば粉には 200 種以上のにおい成分が含まれることが報告されている
（Yajima et al., 1983）．そばの香りを良い状態に保つためには，「そば種子・そば
粉の保管」「そばの製粉」「そばの調理・加工」の影響を考えなければならない．

　そばの保存については，そば種子（神山他，2015），そば粉（川上他，2008）
共に低温で保管する方が，高温よりも香気成分が保持される．中でもそば種子で
は，主観的評価（官能評価）において，低温保存で高評価を得たという報告があ
る．また，製粉後の香気成分の経時変化を調べた研究では，製粉後 1～2 日で特

定の香気成分の減少が著しかったことを報告している（青木・小泉，1986）．

製粉方法による違いについては，石臼製粉で特定の香気成分の生成量が多くなるという結果が示されている（大日他，2002）．また，製粉で得られたそば粉の画分によって，香気成分が異なることが報告されており，胚芽や種皮の部分を多く含む画分では，香気成分が多いことが示されている（青木他，1981）．

加熱の影響については，加熱されたそば粉の香気成分が同定されている（Yajima et al., 1983）が，加熱時間，温度などの影響については不明であり，今後の重要な研究課題となっている．

日本人は，そば麺を食するときに普通すすって食べる．ところが，多くの外国人はすすらないで単に咀嚼して食する．では，すすると何が起こるのかという疑問が生じる．そば麺のように香りのある食べ物をすすって食すると，香り成分が口腔から鼻腔内へ入り，香り（これを食品科学ではフレーバーという）を呈するようになることがよく知られている．新鮮なそばほど香りが高く，これが新そばが人々に重宝される理由である．

❦ 4.3 そばの美味特性の調理学的視点 ❧

4.3.1 加熱による物性の変化

そばは，基本的に加熱を経て食される．加熱によるそばの物性変化を解析することは，そばの美味特性を理解する上で極めて重要である．

そばの加熱は，麺やそばがきのように「茹でる」操作により行われることが多い．図 4.12 にそば生地の「茹で」の加熱温度および時間による物性変化について示した（Ikeda et al., 2002）．加熱温度の上昇および加熱時間の経過により物性値の変化することがわかる．特に 90℃ での高温加熱が，咀嚼性などを顕著に高めることが示されている．そば生地の塩可溶性タンパク質（アルブミンおよびグロブリン画分）含量は，加熱温度の上昇および時間の経過に伴い減少し，そば生地の物性との関係解析では，示されたいずれの物性値もタンパク質含量との間に負の相関関係があることが併せて報告されている（Ikeda et al., 2002）．

しかし加熱に伴うそばの物性変化については，よく理解されているとはいえない現状がある．今後，そば茹で時の熱伝導，対流，熱放射の解析，美味性に深く関係する麺のこし，角を保つ加熱時・加熱後の状態解析，麺の水切り状態の解析

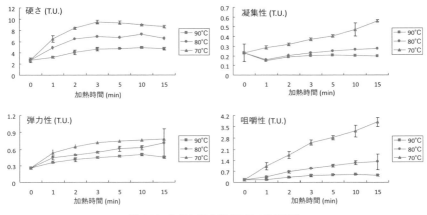

図 4.12　加熱に伴うそば生地の物性変化

（水切り時にどんな現象が起こっているか），茹で時の水量と熱量の解析など，そば研究は感性科学研究の1つであり，些少な変化の解析が必要な面もあるが，上記の研究の発展が期待される．

4.3.2　つなぎ（添加物）による物性改変

　そば粉は，小麦粉のように粘弾性を示すグルテンを含有しない．そば粉のみの加工では凝集性が低いため麺などに調製することが困難である．そのため，麺などの調製には，小麦粉やヤマノイモなどのつなぎが用いられる．他にも粘りの強いもの，例えば卵，山ゴボウの葉，ヨモギ，レンコン，フノリ（海藻）などがつなぎとして用いられている（全麺協, 2014；日本麺類業団体連合会, 2003）．図4.13に種々のつなぎを添加したそば麺の物性について示した（Ikeda et al., 2005）．つなぎの添加により，そば麺の物性値の変化することがわかる．鶏卵のように，添加により破断応力，破断エネルギー，引張り強度を高めるつなぎもあれば，小麦粉（中力粉）のように，破断応力，破断エネルギーを低めるものもある．そばに添加するつなぎは，製麺性を高めるのみならず，物性改変剤としての役割ももつこともこれらの結果から理解できる．

　うどんやパンの製造では，小麦粉に食塩が添加される．この食塩添加は，グルテンを収斂（変性）させて生地の粘弾性を高める効果のあることが知られている（長尾, 1995）．中華麺もかんすいとよばれる炭酸カリウムや炭酸ナトリウムなど

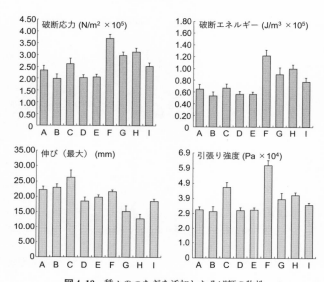

図 4.13 種々のつなぎを添加したそば麺の物性
A：無添加，B：中力粉，C：ヤマノイモ，D：レンコン，E：ジャガイモ，
F：鶏卵，G：フノリ，H：ヨモギ，I：抹茶．

で構成されるアルカリ塩類が添加されており，アルカリ塩類は，小麦加工食品の物性改変剤として広く利用されている（長尾，2014）．そばにおいてもアルカリ塩類の物性への効果の検討結果が報告されており（Mochida et al., 2011；Asami et al., 2012；2014），美味特性解析の観点からも物性改変剤の利用は興味深い研究課題である．

4.3.3　伝統的技法の解析

　我が国においては，そば加工食品のうち，特に麺の加工には長年培われてきた伝統的技法が存在する（全麺協，2014；Asami et al., 2016）．図 4.14 および 4.15 に手打ちそば製麺の一連の工程を示した．手打ちそば麺の工程は，大きく「水まわし」，「こね（練り）」，「延し」，「切り」からなる．水まわしはそば粉に加水する作業で，加水は数回に分けて，まんべんなく水を粉にいきわたらせる．こね（練り）は，水分を含んだそば粉を練り上げ，生地にしていく作業である．十分に練り上げたら，空気を抜くように菊練りとよばれる作業を経てまとめあげていく．延しは，そば生地を薄くのばす作業である．最初は，手と麺棒で生地を丸くのばし，

手順①：水まわし（加水の作業）

そば粉をふるう　　　　　加水は通常3回程度に分けて入れ，　十分に水が行きわたった様子
　　　　　　　　　　　　まんべんなく水を粉に行きわたらせる

手順②：こね（練り）（生地をしっかり捏ね，まとめる作業）

最初は捏ねて生地をまとめる　　生地がまとまったら，空気を　　「菊練り」作業を終えた様子
　　　　　　　　　　　　　　　抜くように「菊練り」作業をする

図 4.14　手打ちそば製麺の工程①（Asami et al., 2016；口絵 1 を参照）

手順③：延し（生地を麺棒で薄くのばす作業）

はじめは，丸く手でのばす　　麺棒で丸くのばす（丸出し）　最終的には四角にのばす（角出し）

手順④：切り（のばした生地を麺切り包丁で切る作業）

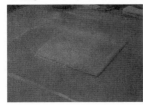  

薄くのばした生地をたたむ　　麺切り包丁とこま板を使って細く切る　出来上がった麺の様子

図 4.15　手打ちそば製麺の工程②（Asami et al., 2016；口絵 1 を参照）

最終的には四角の生地になるように薄くのばしていく（角出し）．切りは，のば
した生地をたたみ，生地を麺切り包丁で細く切っていく作業である．こま板とよ
ばれる器具を用いて，均等に細く切っていく．

　図 4.14 および 4.15 に示したような伝統的技法で調製されたそば麺は，市販さ
れている乾麺など，機械で生産されるものに比べ美味だといわれている．伝統的
技法で調製されたそば麺がなぜ高い美味性を示すのかという点については，物性
論的観点から解析することが重要である．そば打ち職人により種々の条件で調製
したそば麺の物性を解析することで，製麺技術特性を科学的に明らかにする研究
が現在進められている．

a.　水まわし作業の解析

　水まわし作業は，美味な麺づくりのために大変重要とされている（全麺協，
2014；日本麺類業団体連合会，2003）．図 4.16 に水まわし作業の最適時間を解

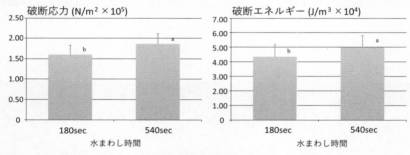

図 4.16　2 種のそば麺の破断特性の比較（水まわし作業時間の違い）
a, b：異なるアルファベット間に有意な差あり（*P* < 0.05）．

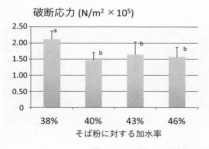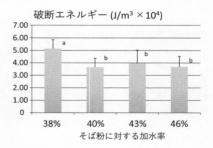

図 4.17　4 種のそば麺の破断特性の比較（加水率の違い）
a, b：異なるアルファベット間に有意な差あり（*P* < 0.05）．

析した結果を示した（Asami et al., 2016）. 水まわし作業が3分のそば麺よりも
9分のそば麺の方が, 破断応力およびエネルギーが高くなることを示している.
官能評価の結果でも9分の方が評価が高かったことが報告されており, 短時間の
水まわしは適当ではなく, 水まわしには最適時間があることを示している. 図
4.17にそば粉への最適加水率を解析した結果を示した（Asami et al., 2016）. そ
ば粉に対する加水率が38％のそば麺が, 他の3つの加水率の麺よりも破断応力
およびエネルギーが高くなることを示している. 官能評価では, 加水率38％の
麺は他の3種の麺よりも評価が低くなったことが報告されており, 加水率には少
し幅をもった最適値があり, 少ない加水率では麺が硬くなることを示している.

b. こね（練り）作業の解析

こね（練り）は, 水まわし後の生地を練り上げて, ひとまとまりにする作業で
ある（全麺協, 2014）. 図4.18にそば生地の混捏回数（水まわし後の生地をこね

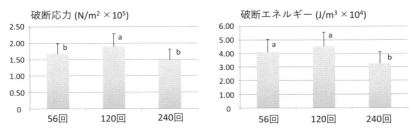

図4.18 3種のそば麺の破断特性の比較（そば生地の混捏回数の違い）
a, b：異なるアルファベット間に有意な差あり（$P<0.05$）.

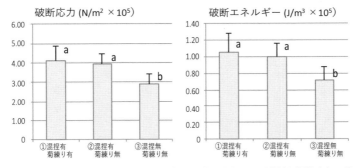

図4.19 3種のそば麺の破断特性の比較（混捏操作の有無および菊練り操作有無の違い）
a, b：異なるアルファベット間に有意な差あり（$P<0.05$）.

鉢の中で練る回数）の違いを比較した結果を示した（Asami et al., 2016）．生地を 120 回混捏した麺は，他の 2 種の麺よりも破断応力が高くなることを示している．官能評価の結果でも，120 回混捏の麺は他の 2 種より評価が高く，そば生地の混捏の回数には，最適値があることを示している．図 4.19 に混捏操作および菊練り操作の有無の違いを解析した結果を示した（Asami et al., 2018）．図の①と②で物性値に有意差のないことから，菊練り操作はそば麺物性に影響のないことがわかり，一方③の物性値が①②と比べて有意に低いことから，無混捏は麺の物性を低下させることがわかる．

　ここでは，手打ちそばの伝統的技法を物性論的な観点から解析した研究を紹介したが，まだ不明な点が多くあり，今後の研究が期待される．

❖　4.4　品質評価法　❖

　そばの品質を「そば種子の評価」と「そば加工食品の評価」の 2 つに分けて考える．そば種子の評価には，米や小麦と同様に農林水産省が示している農産物規格規定（平成 13 年 2 月 28 日 農林水産省告示第 244 号）（農林水産省，2013）が適用される．しかしそば加工食品の評価に関しては，確立された評価法は定まっておらず，基準は明確ではない．

4.4.1　そば種子の品質評価
　表 4.2 に農林水産省の農産物規格規定の普通そば（二倍体）の評価基準を示した（農林水産省，2013）．当該規格は，種子の容積重（1 L あたりの種子の重さ），水分，異物などの割合を評価する基準である．しかし当該規格で上級となったそ

表 4.2　そば種子の品質評価（農林水産省，2013）

項目 等級	最低限度		最高限度			
	容積重 (g/L)	形質	水分	被害粒，未熟粒，異種穀粒および異物		
				計（%）	異種穀粒（%）	異物（%）
一等	610	一等標準品	16.0	5	1	0
二等	590	二等標準品	16.0	15	2	0
三等	570	三等標準品	16.0	25	3	1

規格外：一等から三等までのそれぞれの品位に適合しないそばであって，異種穀粒および異物が 50 % 以上混入していないもの．

ばが高い美味特性を示すとは限らない．あくまでも当該規格は，「そば種子はしっかり実がつまっているのか」，「異物は含まれていないか」などの収穫物としての品質評価に留まる．しかし，容積重が低いと，そばのタンパク質や脂質へ影響するとの報告（栗波・天谷，2008）があり，容積重を評価することにより，そば中に含まれる成分の状態をある程度理解することができると考えられる．

4.4.2　そば加工食品の品質評価

そば加工食品の品質に関しては，国や公的機関の示した基準が存在せず，明確ではないという現状がある．したがって，穀類に関する国際的な学術組織である Cereals & Grains Association（CGA）が作成している AACC Approved Methods of Analysis（Cereal & Grains Association, 2023）で示された小麦などの品質評価を代用するなどの対応が必要となる．

美味特性をはじめとする食べ物の品質の評価方法としては，食べ物側を対象とする研究（客観的評価）とヒト（食べる）側を対象とする研究（主観的評価）の2つがある．そば加工食品の客観的評価では，原料となるそば粉の成分分析（水分，タンパク質，脂質，デンプンなどの含量）や香気成分分析，明度・色度分析が行われ，そば加工食品に対しても物性測定や組織観察などが行われている．そば加工食品自体を評価するのは当然であるが，4.2.2項でも示した通り，そば加工食品の物性と成分との間には密接な関係があり，原料となるそば粉の成分分析なども極めて重要となる．一方，主観的評価では，そば加工食品の官能評価が行われる．そば加工食品の美味特性は独自性が強いことから，官能評価が困難になることもある．しかし，ヒトが評価をして出したデータは重要である．

a.　そば粉の評価

(1)　明度・色度測定（朝見，2018）

そば粉の明度・色度測定は，カラーリーダーなどの測定器を用いて国際照明委員会（CIE）が示した，$L^*a^*b^*$ 表色系の表色法を活用する．L^* は明度を，a^*（赤-緑色傾向）および b^*（黄-青色傾向）は色相と彩度を表す．測定された L^*，a^* および b^* の値を用いて色差を ΔE^*ab として示すことができる．

(2)　粒度分布測定

そば粉の粒度分布測定は，レーザー回折式粒度分布測定装置などが用いられる．湿式および乾式測定がある．湿式は，エタノールにそば粉を混ぜサンプルとし測

定する．乾式は，装置のチャンバー内に空気を流しながらサンプルを分散させ測
定する．

(3) 成分分析 （文部科学省，2015）

成分分析については，CGA が示した方法に加え，食品成分表で用いられてい
る測定法を活用する．

水分測定は，常圧加熱乾燥法が用いられ，灰分測定は，550℃の直接灰化法が
用いられる．タンパク質の測定は，ケルダール法により定量した窒素量に「窒
素-タンパク質換算係数」を乗じて求められる．そばの窒素-タンパク質換算係数
には，「6.25」が適用されている．脂質の測定は，ジエチルエーテルを用いたソッ
クスレー抽出法などが活用される．デンプンは，差し引き法（水分，タンパク質，
脂質および灰分の合計重量を試料全体重量から差し引く）が採用される．食物繊
維は，酵素-重量法であるプロスキー変法が用いられる．

(4) 香気成分分析

香気成分分析については，そば粉から香気成分を蒸留抽出し，その後濃縮させ
たものをサンプルとして，ガスクロマトグラフィーによって測定する．

b. そば加工食品の評価 （朝見，2018）

(1) 物性測定

テクスチャー特性の測定には，テクスチュロメーターが用いられる．一方，レ
オロジー特性の測定には，クリープ測定装置，応力緩和測定装置，破断測定装置
などが用いられる．テクスチャー特性とレオロジー特性の両方を測定できる物性
測定機器も存在する．物性測定には，機器の種々の条件設定が必要で，そば加工
食品の種類により，測定条件（プランジャーの選択，測定速度など）が異なる．
そば加工食品のみならず，類似の穀類加工食品を対象とした既報の研究報告を参
考に測定条件を設定するのが適当である．一方，実験の再現性を得るために，試
料にも注意が必要である．試料の大きさのみならず，測定する際の試料の温度な
どの条件にも留意する．特に麺の測定にあたっては，時間経過と共に「のびて」
しまうことを想定し，適当な測定条件（例：加熱直後に測定するのか，一定時間
の経過後測定するのかなど）を定めなければならない．

(2) 組織の観察

組織観察には，光学顕微鏡や電子顕微鏡などが用いられる．そば加工食品の組
織構造は，物性との関連を検討することができ，美味特性を評価する上で重要で

ある.

(3) 官能評価

官能評価は，ヒトの五感を通じて美味特性を評価する方法であり，心理学や生理学，統計学などの手法を活用し総合的に評価する．評価するパネリスト（官能評価を行うため選定された人のこと）の生理的，心理的な状況により，評価の結果が異なる場合があるため，実施にあたっては，評価方法の標準化が必要である．また得られたデータの統計処理を行う必要もある．官能評価には，サンプルの特性や差を評価することのできる「分析型官能評価」と，サンプルの好みを評価する「嗜好型官能評価」とがある．分析型官能評価のパネリストは，サンプル間の微妙な差異の判断が求められ，専門的な知識の習得とともに評価に必要な判断力が求められる（訓練が必要となる）．一方，嗜好型官能評価は，サンプルの好みを評価するため，パネリストは訓練の必要はなく，一般消費者でも評価に参加できる．官能評価の方法を表4.3にまとめた．官能評価には，①差を識別する，②順位を付ける，③対にして比較する，④評点をつける，⑤特性を明らかにする，などの方法がある．そば加工食品の美味特性を評価する際は，評価の目的やサンプルの数，種類，パネリストの状況などを考慮して適切な評価方法を選択する必要がある．

表4.3　主な官能評価の方法

目的	官能評価の種類
差を識別する	2点比較法 1・2点比較法 3点比較法
順位をつける	順位法
対にして比較する	一対比較法
評点をつける	評点法
特性を明らかにする	SD法

c.　客観的評価と主観的評価との関係 （朝見，2018）

客観的評価で得られたデータは，そば粉あるいはそば加工食品の「おいしさそのもの」を測定しているわけではないため，客観的評価のみで美味特性を評価するには限界がある．一方，主観的評価（官能評価）は，評価するパネリストにより評価結果が異なったり，おなじパネリストにおいてもそのときの状況や状態に

とって評価結果が異なることがあり，客観的評価よりも変動値が大きい．そばの美味特性を評価するためには，客観的評価と主観的評価のそれぞれの結果の関係性を解析することも重要である．   〔朝見祐也〕

文　　献

青木雅子・小泉典夫（1986）そば粉の揮発成分の官能的評価とその製粉後の消長．日本食品工業学会誌，**33**，769-772.

青木雅子他（1981）そば粉の揮発性成分の同定とその製粉区分のフレーバー比較．日本食品工業学会誌，**28**，476-481.

青木三恵子編（2011）調理学　第3版．化学同人.

朝見祐也（2018）食べ物と健康 IV　調理学―食品の調理と食事設計（山崎英恵編）．中山書店.

Asami, Y. and Ikeda, K.（2005）Mechanical characteristics of noodles prepared from buckwheat grain stored under different conditions. *Fagopyrum*, **22**, 57-62.

Asami, Y. et al.（2006）Comparison of textural characteristics of buckwheat doughs with cereal doughs. *Fagopyrum*, **23**, 53-59.

Asami, Y. et al.（2008）Relationship of endogenous protein components to the mechanical characteristics of buckwheat doughs. *Fagopyrum*, **25**, 49-56.

Asami, Y. et al.（2009）Mechanical characteristics of buckwheat noodles made by traditional preparing methods. *Fagopyrum*, **26**, 77-83.

Asami, Y. et al.（2010）Effects of buckwheat hull on the mechanical characteristics of common buckwheat dough. *Fagopyrum*, **27**, 51-54.

Asami, Y. et al.（2012）Mechanical characteristics of buckwheat dough prepared by the addition of monovalent and divalent metal salts. *Fagopyrum*, **29**, 21-26.

Asami, Y. et al.（2014）Mechanical changes in noodles made from common and Tartary buckwheat by incorporation of monovalent and divalent metal salts. *Fagopyrum*, **31**, 21-26.

Asami, Y. et al.（2016）Mechanical analysis of traditional preparation methods of buckwheat noodles. *Fagopyrum*, **33**, 15-20.

Asami, Y. et al.（2018）Analysis of traditional preparation method of buckwheat noodles in Japan. *Fagopyrum*, **35**, 19-27.

Asami, Y. et al.（2022）Leaving buckwheat noodles after their making and subsequent cooking leads to remarkable changes in mechanical characteristics. *Fagopyrum*, **39**, 5-11.

Cereal & Grains Association（2023）AACC Approved Methods of Analysis, 11th Edition. https://methods. aaccnet. org/default. aspx（2020年4月1日閲覧）

Ikeda, K. et al.（1997）Endogenous factors responsible for the textural characteristics of buckwheat products. *J. Nutr. Sci. Vitaminol.*, **43**, 101-111.

Ikeda, K. et al.（1999）Relationship pf protein to the textural characteristics of buckwheat products: analysis with various buckwheat flour fractions. *Fagopyrum*, **16**, 79-83.

Ikeda, K. et al.（2002）Analysis of mechanical behavior on cooking of buckwheat food. *Fagopyrum*, **19**, 83-88.

Ikeda, K. et al.（2004）Characterization of buckwheat dough and noodles with respect to mechanical characteristics. *Fagopyrum*, **21**, 71-77.

Ikeda, K. et al.（2005）Characterization of buckwheat noodles with various dough-binders with respect to mechanical characteristics. *Fagopyrum*, **22**, 63-69.

神山　伸他（2015）ソバの貯蔵における雪室利用の有効性について．人間生活学研究，**6**，83-92.

川端晶子（1989）食品物性学―レオロジーとテクスチャー．建帛社.

川上いずみ他（2008）そば粉の風味に及ぼす保存温度の影響．日本食品科学工学会誌，**55**，559-565.

栗波　哲・天谷美都希（2008）ソバ子実の形質，成分組成に及ぼす熟度の影響．福井県農業試験場研究報告，**45**，61-63.

三輪茂雄（1985）「粉」の文化史．日本放送出版協会.

Mochida, N. et al.（2011）Effects of some salts on the mechanical and chemical properties of buckwheat dough. *Fagopyrum*, **28**, 65-68.

文部科学省（2015）．日本食品標準成分表2015年版（七訂）分析マニュアル．https://www.mext.go.jp/a_menu/syokuhinseibun/1368931.htm（2020年4月1日閲覧）

長尾精一（2014）小麦の機能と科学．朝倉書店.

長尾精一編（1995）小麦の科学．朝倉書店.

長友　大（1976）蕎麦考．柴田書店.

日本麺類業団体連合会（2003）そば・うどん百味百題．柴田書店.

西成勝好（2003）食とレオロジー．日本レオロジー学会誌，**33**，41-50.

農林水産省（2013）農産物規格規定（平成13年2月28日　農林水産省告示第244号　最終改正：平成25年3月29日）．https://www.maff.go.jp/j/kokuji_tuti/kokuji/k0001439.html（2020年3月31日閲覧）

大日方　洋他（2002）製粉方法がそば粉のフレーバーに及ぼす影響．長野県食品工業試験場研究報告，**30**，63-66.

Yajima, I. et al.（1983）Volatile flavor compounds of boiled buckwheat flour. *Agric. Biol. Chem.*, **47**, 729-738.

山崎清子他（2011）NEW調理と理論．同文書院.

全麺協編（2014）改訂そば打ち教本．柴田書店.

5 ダッタンそばとその**特性**

5.1 普通そばとダッタンそばの植物学的な相違

5.1.1 形態的な相違

　古来広く利用されているそばには，主に種子を利用する普通そばとダッタンそばと，葉や根茎を利用する宿根そばの3種類があり，分類学上はいずれもタデ科そば属に属する．このうち宿根そばは多年生であるが，普通そば，ダッタンそばは1年生草本である．普通そば，ダッタンそばの染色体はどちらも8本であり，多くの品種の倍数性は二倍体である（$2n=16$）．一方，人為的に開発された四倍体品種・系統も存在する．発芽直後の植物体においては，普通そばの子葉はダッタンそばより大きく，葉の形は両種とも三角形様，あるいは丸みを帯びた三角形様であり，茎の色は緑，ピンクあるいは赤である．普通そばの花はダッタンそばより大きく，普通そばの花弁の色には白，ピンク，赤，緑が存在するのに対し，ダッタンそばは緑が主である．普通そばの種子はダッタンそばより大きい．普通そばは殻（果皮）と中身の間に空洞があり簡単に分離できるが，ダッタンそばは殻と中身が固く結びついているため分離しにくい．最近では遺伝的に殻がむけやすい形質をもった「ライスタイプ」とよばれるダッタンそばの普及が中国などで進んでいる．この形質をもつダッタンそばは殻とその内側に空洞があり，また殻自体も薄いため普通そばのように殻を取り除き「粒」をつくることができる．殻の色は，普通そば，ダッタンそば共に黒，褐色，灰色あるいは白などである．普通そば，ダッタンそばはどちらも生育期間が短く，種をまいた後2〜3ヶ月で収穫できる．

5.1.2 生殖様式の相違

普通そばとダッタンそばの生殖方式には，2章で述べた通り，大きな違いがある．普通そばは，1つの個体では基本的に生殖できない自家不和合性を示す．一方ダッタンそばは，おしべとめしべの長さがほぼ同じであり（等長柱花），自家和合性であるため，自身の花のめしべに同じ花の花粉がつくことで実をつけることができる．

普通そばが実をつけるためには，上記の理由から短花柱花の株と長花柱花の株の間で花粉が媒介される必要がある．花粉の媒介は主にハエやハチなどの訪花昆虫により行われる．訪花昆虫の活動は気温や天気に影響される．そのため，例えば開花時期に低温や雨などにより訪花昆虫の活動が制限されると減収の要因となる．一方ダッタンそばは訪花昆虫がいなくても実をつけることができるため，気温が低く訪花昆虫の活動が制限される高緯度地域や標高の高い地域においても収穫量が安定しやすい．

5.1.3 二次代謝物質

植物は様々な二次代謝物質を含有する．普通そば，ダッタンそばにおいても二次代謝物質の蓄積量や種類に相違がある．そばを代表する二次代謝物質の1つに

表5.1 そばと野菜類のルチン含有量の比較

		ルチン含量 （mg/新鮮重100 g）
そば類[*1]	普通そば（葉）	76
	普通そば（実）	9.4
	ダッタンそば（葉）	211
	ダッタンそば（実）	1060
	宿根そば（葉）	76
	宿根そば（実）	986
野菜類[*2]	アスパラガス（茎）	23.3
	コリアンダー（葉）	5.83
	ブロッコリー（茎）	1.83

*1：Suzuki et al. (2023)
*2：Damin et al. (2019)
乾燥重あたりの数値が記載されたため，葉，実の水分含有率をそれぞれ95%，5%として新鮮重に換算した．

ルチンがある．ルチンはフラボノイドの一種で，野菜においては比較的多くの
種に含まれるが，穀物では唯一そばのみが蓄積するとされている．種子において
は，ダッタンそばは普通そばの約100倍のルチンを蓄積する．ダッタンそば全粒
粉の約2%はルチンであり，胚（将来双葉となる部分）では乾燥重の約15%がル
チンとの報告もある．双葉においては，ダッタンそばのルチン含量は普通そばの
数倍程度多く，乾燥重の数パーセントに達する．ダッタンそば双葉のフラボノ
イド組成は大部分がルチンであるが，普通そばはルチン以外のフラボノイド化
合物数種も同時に蓄積する．栄養成長期の葉においては，普通そばとダッタンそ
ばのルチン含量はほぼ同程度であり，乾燥重量の数パーセントとなる．そばの花
や茎の赤色は二次代謝物質であるアントシアニンの蓄積によるものである．発芽

図 5.1　普通そばとダッタンそばの花と実の比較（口絵 6）
左：普通そば，右：ダッタンそば，上段：結実初期の写真，
中段：拡大，下段：種子．

♠ コラム6　そばの品種開発，ダッタンそばと普通そばの違いについて ♥

　そばは，生育期間が短いこともあり，収穫量の年次間差が大きい作物である．例えば長雨や干ばつ，低温や高温などの被害を受けると，その後の気象条件が良くても挽回できず，低収量になりやすい．そばの収穫量を安定化させるため，栽培方法の改良と同時に品種の開発（育種）も行われている．育種方法としては，これまではそばの在来種などの中から優良な個体を選抜する「選抜育種法」が主流であったが，現在では優良な品種・系統同士を交配する「交配育種」が主流になりつつある．また，湿害に強い宿根そば，自家和合性のダッタンそば，食味に優れる普通そばを交配させてそれぞれの良いところを合わせもつ品種を育成する試み（種間交雑）も進められている．時間はかかるが重要な取り組みであり，今後の進展が期待される．また普通そばとダッタンそばは分類学上の種が異なるが，わかりやすく例えると，ネコ科ヒョウ属の中に「トラ」と「ライオン」があり，ナス科ナス属の中に「ナス」と「トマト」があることと同様の関係である．

〔鈴木達郎〕

時期の植物体においては，普通そばでは主に2種類のアントシアニン（cyanidin 3-*O*-galactoside および cyanidin 3-*O*-galactopyranosyl-rhamnoside）が検出されるが，ダッタンそばではそれとは異なる1種類のアントシアニン（cyanidin 3-*O*-rutinoside）が主に検出される．また花においては，発芽時期に蓄積されるものとは別のアントシアニン（cyanidin 3-*O*-rhamnoside）の蓄積も知られている（Suzuki et al., 2020）．

〔鈴木達郎〕

❧ 5.2　ダッタンそばの栄養機能 ❧

　わが国は少子高齢社会を迎え，肥満や栄養バランスの不良などに起因する生活習慣病の増加や医療費負担の増加などが問題となっている．そのため，健康志向の高まりに伴い，食品の機能性と健康効果への期待が大きくなっている．食品の機能は，一次機能（栄養），二次機能（嗜好），および三次機能（生体調節）に分類され，特に三次機能をもつ食品を機能性食品とよぶ（表5.2）．ダッタンそばは普通そばに比較して，様々な健康効果を有するポリフェノールの一種であるルチンを格段に多く含むことから，平成以降にそば茶を主な加工形態として機能性

表 5.2 食品成分の機能 (小田嶋 (2016) を一部改変)

機能	説明
一次機能 　栄養面での働き	ヒトに必要な栄養素 (タンパク質, 脂質, 利用可能炭水化物, ビタミン, ミネラル) およびエネルギーを供給して健康を保持する働き
二次機能 　嗜好面での働き	色, 味, 香り, 歯ごたえ, 舌触りなど, 食べる際においしさを感じさせる働き
三次機能 　生体調節面での働き	免疫系, 分泌系, 神経系, 循環系, 消化系等の生体の生理統御系を調整する働き

　が注目されてきた. しかし, ダッタンそばの粉は, 強烈な苦みを有することから, 別名「苦そば」とよばれ, 普及の妨げになっていた. 一方, 2014 年に苦みの少ないダッタンそば品種「満天きらり」が開発され, 産地形成も進みつつある (コラム 8). 加工食品の広がりに伴い, 六次産業化の取り組みを通じてダッタンそばの消費拡大が期待される. このように, ダッタンそばをめぐる情勢は近年大きく変化している.

5.2.1　栄養成分

　現在, ダッタンそばの成分は食品成分表に示されていない. ダッタンそばの主な栄養素 (タンパク質, 脂質, 炭水化物, ビタミン, ミネラル) は産地, 品種, 栽培法, 製粉などによって大きく変動するものの, 普通そばと大きな差異はない. すなわち, 米や小麦などの穀物と比較して優れた普通そばの栄養価は, ダッタンそばにおいても同等である.

　ダッタンそばの一般成分を普通そばおよび米麦と比較してまとめた (表 5.3). 普通そばとダッタンそばの最新の栄養機能については, Kreft et al. (2020) の総説に詳しくまとめられている. ダッタンそばのタンパク質は普通そばに比較して構成アミノ酸の比率に大きな差異はない. 普通そばとダッタンそばはタンパク質中に不可欠アミノ酸の 1 つであるリシンが多く含まれる. リシンは多くの穀類の制限アミノ酸であることから, 普通そばとダッタンそばのアミノ酸スコアはこれらの穀類に比べ高く, 良質なタンパク質を摂ることができる. また, ダッタンそばにはタンパク質のグルテリンとプロラミンが普通そばに比較して多く含まれる (Ikeda et al., 2003). ミネラルについては, 普通そばとダッタンそばにはカリウムとマグネシウムが米麦よりも格段に多く含まれる. カリウムは, ナトリウムの尿中排泄を促し, カリウム摂取量を増加させると血圧低下, 脳卒中予防につなが

表5.3　ダッタンそばの一般成分（値は 100 g あたり）

	ダッタンそば （満天きらり） （全層粉）	ダッタンそば （中国産） （全層粉）	普通そば （全層粉）	精白米	小麦粉 （中力粉 1 等）
エネルギー（kcal）	347	373	339	342	337
水分（g）	14.8	9.5	13.5	14.9	14.0
タンパク質（g）	9.1	11.3	12.0	6.1	9.0
脂質（g）	2.3	3.4	3.1	0.9	1.6
炭水化物（g）	72.5	74.2	69.6	77.6	75.1
灰分（g）	1.3	1.6	1.8	0.4	0.4
ナトリウム（mg）	—	0.3	2	1	1
カリウム（mg）	441	405	410	89	100
カルシウム（mg）	17.1	17.9	17	5	17
マグネシウム（mg）	204	173	190	23	18
リン（mg）	419	—	400	95	64
鉄（mg）	3.42	3	2.8	0.8	0.5
亜鉛（mg）	3.22	2.28	2.4	1.4	0.5
ビタミン B_1（mg）	—	0.64	0.46	0.08	0.10
ビタミン B_2（mg）	—	0.12	0.11	0.02	0.03

ダッタンそばの満天きらりは株式会社神門，中国産は株式会社日穀製粉よりそれぞれデータを提供していただいた．ダッタンそば以外のデータは食品成分表による．—はデータなし．

ることが動物実験や疫学研究によって示唆されている．一方，長期のマグネシウム不足が骨粗鬆症や心臓病，糖尿病などの生活習慣病のリスクを上昇させることが示唆されている．また，ダッタンそばには現代人に不足しやすい鉄や亜鉛も多く含まれる．この他，ビタミン B_1（チアミン），ビタミン B_2（リボフラビン）が多く含まれる．食物繊維は普通そばとダッタンそばの間に大きな差はない．

5.2.2　機能性

　ダッタンそばは普通そばに比較して子実中に機能性成分のルチンを多量に蓄積することで知られる．ルチンには血管の透過性を改善し，加齢による血管の老化を抑えるなどの作用があり，抗酸化性などの機能性も知られている（Morishita et al., 2007）．ダッタンそばの子実には普通そばの約 100 倍のルチンが含まれている．子実のルチン含量は品種間変異が大きく，普通そばで約 10～30 mg/100 g，ダッタンそばで約 1100～2000 mg/100 g である（Kitabayashi et al., 1995; 森下他, 2006）．ダッタンそばのルチンは，紫外線（UV-B），低温，乾燥などから植物体を保護する機能をもつことから，高山地帯などでストレスから植物体を守る成分として蓄積されたと考えられている．

♠ コラム7　ダッタンそばの原料生産について ♥

　現在，ダッタンそばの産地形成が進みつつあるが，全国のダッタンそばの作付面積は約 500 ha であり，そのうち約 8 割の約 400 ha が北海道による生産である．道内のダッタンそば生産者でつくる北海道ダッタンソバ生産者協議会は国産原料の安定供給に努めている．また，平成 26 年 3 月に全国ダッタンそば生産者協議会が設立され，ダッタンそばの生産・振興に取り組んでいる．　　　　　〔笠島真也〕

♦ 5.3　ダッタンそばの加工 ♦

5.3.1　加工特性

　ダッタンそばにおける普通そばと異なる加工特性の 1 つとして，脱皮の難しさがあげられる．普通そばの場合，一般に子実の果皮（そばがら）と抜きとよばれる殻を除いた実が分離しやすいため，製粉の前に脱皮作業が行われる．一方，ダッタンそばのそばがらは抜きに密着して脱皮が困難である．これは殻の構造に理由がある．普通そばの殻の厚さは三角の稜線のところは厚く，側面の平坦なところは薄く，部位によって厚さや硬さが異なるため，衝撃を加えることで殻を取り除きやすいが，ダッタンそばの殻は位置にかかわらず均一で普通そばに比べて厚いため殻がはがれにくい．このため，ダッタンそばは小麦と同じように子実のまま製粉した後，篩い分けによって殻（小麦のふすまに相当）を取り除いている．ただし，中国，ネパール，ブータンではライスタイプとよばれる脱皮が容易な遺伝資源が存在し，育種素材として活用が検討されている．

　また，ダッタンそばには麺などの加水を伴う加工工程により粉中の機能性成分のルチンが分解されて消失するという特性がある．ルチンは厳密にはフラボノイド配糖体の 1 つであり，ルチノシダーゼとよばれるダッタンそば粉に多量に存在するルチン分解酵素により，粉に加水することでルチンがケルセチンとルチノースに分解される（図 5.2）．ケルセチンはタマネギなどに含まれる機能性成分であるが，ダッタンそばの強烈な苦味の一因と考えられている．ダッタンそば粉への加熱処理でルチノシダーゼを抑制する技術があり，加工の現場で応用されているが，現在は次に示す品種開発による課題解決が提案されている．

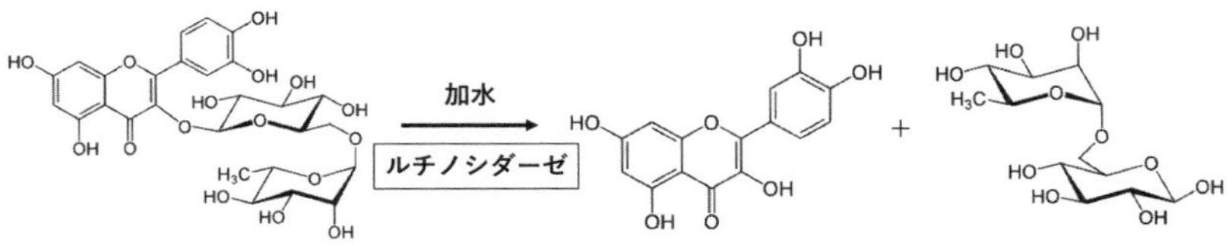

ルチン
ケルセチンとルチノースからなる配糖体であり，フラボノイドに属する

ケルセチン
フラボノイドの1つで，植物中に広く分布する色素

ルチノース
グルコースとラムノースが結合した還元性二糖類

図 5.2　ルチンの加水分解

農研機構の北海道農業研究センターの研究グループは，ルチンが多く苦味の弱いダッタンそば品種を開発した．彼らはゲル上のルチノシダーゼを銅・ルチン錯体で染色し検出する方法を開発し，約 500 系統の遺伝資源や突然変異系統からルチノシダーゼ活性の極めて低い系統「f3g162」を見出した．「f3g162」を当時の北海道標準品種「北海 T8 号」と交雑し，農業特性に優れルチノシダーゼ低活性形質を有する「芽系 T27 号」を選抜した．ルチノシダーゼ低活性形質は潜性（劣性）1 遺伝子（*rutA*）に支配されると推定されている（Suzuki et al., 2014a）．その後，草丈や収量性，成熟期など農業特性の改善を行い，2014 年に「満天きらり」の名称で品種登録された（Suzuki et al., 2014b）．「満天きらり」のルチノシダーゼ活性は従来品種「北海 T8 号」の数百分の一と極めて弱く，麺などに加工してもルチンの大部分が残存する．また，「満天きらり」を含有する麺やクッキーは高い抗酸化能を有し，体脂肪率，体重および BMI の低減効果がヒト介入試験で明らかになっている．ただし，「満天きらり」の種子や粉に従来のダッタンそばの品種が少しでも混入するとルチン分解と苦味が生じるため，生産，製粉，食品加工のそれぞれの過程で注意が必要である．

5.3.2　加工食品

ダッタンそば茶は焙煎によりルチン分解酵素が失活してルチンを摂取することができるため（コラム 8），麺より先行してダッタンそばの主要な用途となっている．麺としての加工利用に際しては粉への加熱処理でルチノシダーゼを抑制する技術が応用されていたが，風味や物性の劣化の問題があった．「満天きらり」により苦味の問題は克服されている．また，最近ではそば茶や麺だけでなくケーキやガレット，焼酎なども商品化されており，ダッタンそばの消費拡大が期待される（図 5.3）.

〔**笠島真也**〕

図 5.3　ダッタンそばの加工食品（提供：日穀製粉，
神門，長命庵）（口絵 7）

❖　5.4　ダッタンそばの利用　❖

5.4.1　日　本

　日本では，1712 年の『倭漢三才図会』および 1877 年の『小石川植物園草木目録』に「苦蕎麦」の表記がある．本格的な栽培はここ 30 年ほどであり，国内の栽培面積は約 500 ha である．消費の大部分は焙煎実茶である．近年，苦味の弱い新品種が育成されたこともあり（コラム 8），麺や菓子の用途も広がりつつある．麺については，3 ヶ月規模の約 140 人による臨床試験の結果ヒトに対する機能性のエビデンスが示され，「ヘルシー Do（北海道食品機能性表示制度）」への採用などの動きが広がりつつある．また，ダッタンそばの発芽野菜（スプラウト）の開発も進んでいる．韓国では既に実用化されており日本でも小規模ながら販売されている．発芽野菜用に双葉が赤くなるアントシアニンを多く含む品種も開発されている．

♠ コラム 8　ダッタンそばはなぜ苦いのか？ ♥

　ダッタンそばの苦みの原因には諸説あったが，現在ではダッタンそば種子が多量に含有するルチンの分解が引き金となり大量の「苦み物質」（ケルセチンなど）が生成するためと考えられている（ルチンそのものには苦みがない）．近年，ルチンの分解がほとんどないダッタンそばの品種が育成された．この品種（「満天きらり」）は従来の苦いダッタンそば品種と異なり，ルチンを分解する力（酵素）がほとんどない．そのため，粉に水を加えてもルチンが分解されないため，苦味が生じない．普通そばにはルチンを分解する力がないことと，ルチンそのものの量がダッタンそばほど多くないことからダッタンそばのような苦味はない．普通そば，ダッタンそばの葉も大量のルチンを蓄積するが，ルチンを分解する力（酵素）が種子よりも大幅に弱いため強烈な苦みはない．焙煎実茶は，焙煎工程でルチンを分解する力（酵素活性）が失われるため苦くない．「満天きらり」を用いた加工食品の一部は，ヘルシー Do において商品に表記する成分名として「ルチン」が許可されている． 〔鈴木達郎〕

5.4.2　中　国

　ダッタンそばはネパール，インド，ロシア，欧州，韓国，日本においても利用されているが，世界最大のダッタンそば生産国は中国である．中国では，雲南省や四川省などの周辺地域の少数民族である彝族らが伝統的に利用してきた．近年は健康食品として注目されていることなどから中国での消費量は増加しつつあり，栽培面積は 30 万 ha を超えている（趙，2009）．彝族の伝統的な利用方法としては，種子を砕いて粉にした後，苦蕎粑粑（パンケーキのような食品），苦蕎糕（クッキーのような食品），苦蕎涼粉（ゲル状の食品），粥などがあげられる．ダッタンそばは別名「苦蕎麦」とよばれとても苦いことから，砕いた後に苦みの強い部分（甘皮や胚の部分）を篩で除いて利用している．また焼酎などの発酵食品にも利用している．上記の伝統的な利用方法に加え，近年開発された焙煎実茶がダッタンそばの消費量を大きく拡大したとされている．現在は政府主導で新用途開発の研究も進んでおり，麺，揚げ菓子，フレーク，酢，サプリメントなどの健康食品に加え，茎葉の野菜あるいは茶としての利用，殻の枕利用などにも活用されている（林，2013）．ただし，蕾・花や開花後の葉などは光増感物質のファゴピリンを含有するとされ，光過敏症の原因となるため注意が必要である．また，

前述した殻がむける「ライスタイプ」を用いた粒食の開発も進められている（林，2013）．

5.4.3　その他地域

ネパールやインドにおいても，中国の彝族と類似した利用がなされており，パンケーキのような加工食品を伝統的に食している．欧州では，ルクセンブルク，ドイツ，ベルギーの国境付近のイスラックにて，伝統的にダッタンそばが利用されてきた（Ikeda et al., 2012）．当該地域では，19世紀には3000 haの栽培がなされていたとの記録がある．利用方法としては，主に粥，パンケーキへの加工などがある（Ikeda et al., 2012）．　　　　　　　　　　　　　〔鈴木達郎〕

文　献

Damin, F. et al. (2019) Determination of rutin in fruits and vegetables in natura. *J. Food Nutr. Res.,* **58**(4), 328.

Ikeda, K. et al. (2003) Comparison of mechanical and chemical characteristics between common and Tartary buckwheat. *Fagopyrum,* **20**, 53-58.

Ikeda, K. et al. (2012) Utilization of Tartary buckwheat. *Fagopyrum,* **29**, 27-30.

Kitabayashi, H. et al. (1995) On the genotypic differences for rutin content in Tartary buckwheat. *Breed. Sci.,* **45**, 189-194.

Kreft, I. et al. (2020) Breeding buckwheat for nutritional quality. *Breed. Sci.,* **70**, 67-73.

森下敏和他（2006）ダッタンそばの農業関連形質および子実成分の特性．日本作物学会紀事，**75**, 335-344.

Morishita, T. et al. (2007) The contribution of polyphenols to antioxidative activity in common buckwheat and Tartary buckwheat grain. *Plant Prod. Sci.,* **10**, 99-104.

小田嶋　文彦（2016）機能性表示食品制度の意義と課題．ファルマシア，**52**(6)，515-519.

林　汝法（2013）苦荞举要．中国农业科学技术出版社．

Suzuki, T. et al. (2014a) Discovery and genetic analysis of non-bitter Tartary buckwheat (*Fagopyrum tataricum* Gaertn.) with trace-rutinosidase activity. *Breed. Sci.,* **64**, 339-343.

Suzuki, T. et al. (2014b) Breeding of 'Manten-Kirari', a non-bitter and trace-rutinosidase variety of Tartary buckwheat (*Fagopyrum tataricum* Gaertn.). *Breed. Sci.,* **64**, 344-350.

Suzuki, T. et al. (2020) Present status and future perspectives of breeding for buckwheat quality. *Breeding Sci.,* doi：10.1270/jsbbs.19018.

Suzuki, T. et al. (2023) Rutin concentration and characterization of rutinosidase in perennial buckwheat (*Fagopyrum cymosum*) and its application in foods. *Foods,* **12**(7), 1417.

赵　钢（2009）中国苦荞．科学出版社．

6 世界的伝統食品としての そば食品の利用加工

❦ 6.1 世界におけるそばの名称と意味 ❧

　そばは，世界各地で広く利用されている．我が国では麺が最も親しまれた加工食品であるが，世界各地では麺のみならず，様々な形に加工・調理され，利用されている．私達日本人の多くは，そばというと我が国古来の伝統食品であると考えがちであるが，そばは世界各地で古くから食されてきた国際的に伝統ある食品なのである．

　そばは，世界各地でいろいろな名前でよばれている．我が国では漢名の「蕎麦」と書くこともある．我が国の古い史料には，「曾波牟岐」（『本草和名』，918），「久呂無木」（『倭名類聚抄』，931-938），「そまむぎ」（『古今著聞集』，1254）などと呼称されていた記述が残されている．中国では蕎麦，韓国ではメミル，ミャンマーではパンジョン（花の小麦の意味）などとよばれている．ネパールではクアンナ（偽りの穀類の意），タイではカムサムリァム（三角形の米の意）などとよばれている．

　欧州で用いられている呼称は，その由来も含めて非常に興味深い（Ikeda, 2002）．ドイツ語では Buchweizen とよばれ，英語では buckwheat とよばれる．ドイツ語の語源について2つの説があり，1つは蕎麦の実がブナの実に似ているところから，ブナ（Buche）の小麦（Weizen）と名付けられたという説である．また，英語での名称はドイツ語に由来するブナの小麦を意味するドイツ語からbeechwheat とよばれていたが，音が転じて buckwheat とよばれるようになったといわれる．一方，別の説としてドイツ語 Buchweizen には古語の解釈で「偽の小麦」の意味があり，英語表現も同様の意味を有する buckwheat とよばれる

ようになったともいわれている．ドイツ語 Buchweizen の語源がいずれの説によるかは明確ではないが，前者の説は比喩的表現に基づいたものである一方，後者の説は言語学的見地に基づいたものであってより論理的であると思われる．ドイツ語 Buchweizen と同じ系列の表現は，オランダ語など数ヶ国の言語にみられる．一方，そばの利用の盛んなスロベニアの言語では ajda とよばれ，この語には「異教徒の穀類」の意味があり，同じ系統の表現はチェコ語 pohanka など数ヶ国の言語にみられる．また，ポーランド語では gryka とよばれ，「ギリシャ人の穀類」の意味をもっているが，「そばがギリシャから来た」という意味ではなく，ギリシャ人（遠方の人達の意）が貿易をしていたことに由来するといわれる．ロシア語では grechiha とよばれ，glyka と同じ意味をもっている．イタリア語では blé grano saraceno，フランス語では blé sarrasin，スペイン語では trigo saraceno などとよばれ，これらの名称は，「サラセンの人達の穀類」の意味を示す．サラセン人とは中世のヨーロッパにおいてイスラム教徒を指す呼称で，ちょうどポーランドやロシアの人達にとってのギリシャと同様，イタリアやフランスなどの国

♠ コラム 9　穀物科学と麺の研究 ♥

　穀類科学は，パン製品を中心として発展してきた．20 世紀初頭の E. C. ビンガムによるレオロジー（変形と流動に関する学問），S. ブレイヤーのサイコレオロジー（心理学的レオロジー，物心両面からの解析）の提唱や，さらには A. S. ツェスニアクのテクスチャ解析，その後，Y. ポメランツ，W. ブッシュク，C. ホゼニー，日本人学者では長尾精一（本シリーズ『小麦の機能と科学』の著者）などの極めて優れた学者により，おもにパンを対象に研究が展開され，穀物科学会（Cereals & Grains Association（CGA），学会誌 Cereal Chemistry（CC））を中心に展開されてきている．一方で，小麦麺の研究は，日本が小麦不足の時代に開発されその後さらに改良されたうどん用小麦オーストラリアン・スタンダード・ホワイト（ASW）の開発などを契機に発展してきた（長尾，2014）．学会誌 CC には，Ramen noodles（yellow-alkaline noodles）や Udon noodles（white-salted noodles）という術語（これらは日本の麺の意）が登場し出し，いわば 20 世紀はパン研究時代で，21 世紀は麺研究の時代であるといえる．また実際に，ラーメンやうどん，そば切りなど日本発の麺が欧米などを中心に広く国際的にアクセプタブルな食品になってきている．

〔池田清和〕

ではサラセンが遠方の国を象徴するものであったと考えられている．このように，欧州ではそばは「遠方からやってきた穀類」という意味をもっていると考えられる．したがって，欧州におけるそばを意味する言葉は，ドイツ語 Buchweizen に代表される表現と，スロベニア語やイタリア語にみられる「遠方の穀物」の意味をもつ表現との2系列に大別される．また，発想の異なる表現として，フランス語では前述の blé sarrasin の他に blé noir（黒い小麦の意）ともいう．この表現は我が国の「くろむぎ」と類似した表現と考えることができる．

上述のことに関連し，「麦」の旧字体である「麥」を調べると，藤堂明保編『漢和大字典』には「紀元前十世紀ごろ，中央アジアから周（今の陝西省）にもたらされた植物．周の人々は，これを神のもたらした穀物として珍重し，来（ライ）・来麥牟（ライボウ）と呼んだ．麥はそれに（足）をそえた会意兼形声文字．がんらい來が『むぎ』，麥が『くる，もたらす』の意をあらわしたが，いつしか逆になった．」とある．欧州ではそばが「遠方から来た作物」である一方，中国や我が国などアジアでは小麦が「遠方から来た作物」の意味をもっていることは，食文化学的に興味深い．

◀ 6.2 世界におけるそばの加工・利用 ▶

6.2.1 日 本

我が国には，様々なそば麺料理がある．表6.1は，現在広く利用されている我が国のそば麺料理の，麺調製にかかわる諸工夫の観点からの分類を示した．表6.1にみられるように，諸工夫という観点からそば料理の分類を試みてみると，「そば料理の多彩性」を整理しながら俯瞰できることに気がつく．他方，表6.2では，料理に用いるそばの部位ならびに用いる食材の観点からのそば加工品の分類を試みた．こちらの表も，そば加工食品の多彩性を，異なる観点から俯瞰できると考えられる．これらの表が，そば新製品の発展につながればと願っている．

6.2.2 中 国

本項は，林汝法教授（中国山西省農業科学院）の情報に基づいて記述している．

中国は，現在そばが広く利用されている．現在，約145万 t（2017）のそばが生産されている．中国のほとんどの省でそばは栽培されているが，中でも，山西

表6.1　日本の麺調製にかかわる諸工夫の観点からのそば麺料理の分類（池田・氏原，2004）

麺調製にかかわる名工夫	名称	発祥地または高普及頻度地域	工夫に関連した記述
保存方法の工夫（代表例）	木鉢下		木鉢下は、そば粉を打つ鉢を置く棚である。そば粉は保存される際の保存温度によって吸湿や脱湿を起こす。そば粉は最大吸水能（MMC）が他の穀類に比べて低く、また品質に影響するような水溶性タンパク質が含まれ、このために吸湿する場所と香りや食感が損なわれる。一方、そば粉はMMCが大きいという特徴がある。このためにそば粉が小麦粉を遠量ブレンドして木鉢下に置くと、そば粉の水分をMMCの大きな小麦粉が適当に脱着し、安定したそば粉が保存できるとして古来行われてきた。
	寒ざらしそば	山形、長野、栃木、福島など	極寒期に清流にそば実をつけた後に、乾燥させ製造する。そば粉にはアミラーゼが分含まれ、少し甘みを呈する美味なそばとなる。献上そばとして知られる。貯蔵中に木酵素が作用し、少し甘みを呈する美味なそばとなる。
製粉の工夫（代表例）	石臼挽きそば粉・ロール挽きそば粉	全国	石臼挽きそば粉やロール挽きより美味であるのは何故かという疑問について、白樺学の素斗三輪茂建氏は、蕎麦の白徒さは、回転速度が低く、石臼挽きは挽き上げによる温度上昇が少ない。白砕は挽顔され白みは期願される（1985）。朝倉ら（2009）は、石白挽きは粒子120μmの大粒子（全он約80%）と小粒子10μm（20%）があり、物性上にも高度温度が低く、また電顕上白挽き粉の粒子ロール挽きより円形状で、三輪氏の示唆に加えてこれらの諸因子が美味に関係することを示唆している。
つなぎの工夫（代表例）	色物・変わりそば／変わりそば・色物／五色そば（桃の節句に食する）	全国	筆者の尊敬する先達で共同研究をさせていただいた藤村和夫氏（1985）。製粉技術が進歩してきた江戸後半期には、さらにそば粉を含め、白いそば粉になる。白いそば粉では、麺がつくりにくくなり、そこで湯つなぎの技術がある、一方で種々のつなぎを入れ、これを変わりそばと称した。色についてものを色物と称した。（赤）その他、わかめ切り、ゆかり切りなど56種あると藤村氏は述べている。そば（白）、卵切り（黄）、茶そば（緑）、胡麻切り（黒）、桜海老切り
具材の工夫（代表例）	すんきそば	長野県木曽地方	かぶ菜の無塩発酵の伝統漬け物さんと共に食する。
	にしんそば	京都府	甘く煮た鰊と共に食する。京の都は海がないので加工した魚介類が多い。
	おろしそば	福井県など	大根おろしを添えて食する。
	きつねそば（大阪風）	大阪府	甘く煮た油揚げを添えて食する。
	きつねそば（京都風）	京都府	甘く煮た油揚げを添え、さらにあんかけを入れ食する。
	たぬきそば（関東風）	関東一円	トッピングに天かす。
	ハイカラそば	関西一円	トッピングに天かす。東京のたぬきそばと同じ。
提供方法の工夫（代表例）	椀子そば	岩手県	麺を椀子に入れ、客が何杯も食する。客が図る数を食する。
	割子（わりご）そば	島根県	3枚の割子という漆器で提供される。出雲そばは左右より直接挽くため、外皮のジャリジャリ感がある。イタリアのピッツォッケリに似ている。
	お裏かけそば	長野県、山梨県、岡山県など	そばの野菜料理。茹でたそばをとり椀に入れて食する。投じて食するのを「とうじそば」ともいう。京都にも、これに似たそば鍋料理がある。
	そばかつけ	青森県南部、岩手県北部	麺を切った後の欠片（かつけ）を野菜やニンニク味噌などと食する。歴史的には南部藩の庶民の食べ物。

沖縄そばは、そば粉を含んでいないので、本来「そば」と名乗ることはできないと名乗ることはできない。沖縄が本土復帰の際、公正取引委員会からの他の名称への勧告を受けた沖縄そばは、イタリアのピッツォッケリと似ていることを長く訴える県民のご努力で、2006年に沖縄そばが正式に地域団体商標として登録されたという経緯がある。

表 6.2 そばの部位ならびに用いる食材の観点からのそば加工品の分類

そばの部位		発祥地または利用地域	説 明
〈粉・麺〉			
田舎そば		広く分布している	挽きぐるみ（全層粉）でつくった黒っぽい麺
さらしなそば		長野県等広く分布	内層粉（さらしな粉）でつくった白っぽい麺
そばつゆ（関東風）		関東，東日本	汁は鰹節，濃口醤油でつくり，汁は醤油色の強い色を呈する．昆布は原則使用しない．濃口醤油でつくる本がえしには旨み成分のグルタミン酸（Glu）が多いために昆布を用いる必要はないといわれるが，一方で関東ローム層の水質は酸化鉄を含む硬水で昆布出しが取りにくく，伝統的に昆布だしを用いてこなかったという説が有力と考えられている．
そばつゆ（関西風）		関西，西日本	汁は，薄口醤油，昆布，鰹節，節類でつくり，汁は関東に比して薄い色を呈する．昆布の旨み成分 Glu と鰹の旨み成分イノシン酸には相乗効果（重量比 1：1 で混合すると旨みが約 7.5 倍に増大する）のあることが知られている（國中，2008）．
かけそば		関東，東日本	添えるネギの部位が白い部分（根深ネギ）
かけそば		関西，西日本	添えるネギの部位が青い部分（九条ネギに代表される葉ネギ）葉ネギと根深ネギの栄養的な特徴からいうと，ビタミン類に差があり，全般に葉ネギの方がビタミン類がやや多い．中でも，葉ネギは，根深ネギに比べて，2 つのビタミン，β-カロテン（眼の機能保全作用）含量が約 18 倍，ビタミン K（血液凝固の保全作用）含量が約 14 倍多い．
もりそば		全国	トッピングに刻み海苔を添えない．
ざるそば		全国	トッピングに刻み海苔を添える．焼き海苔は，食物繊維，葉酸，ビタミン A，ビタミン K などに富み，そばにトッピングされる量で推奨量（1 日分）の各数%程度ではあるが摂取できる．
〈粉・菓子〉			
干菓子	そばぼうろ	京都を中心に全国	そばの普及は，麺よりも菓子類が先だと考えられている．
	そば板	京都を中心に全国	
	そばかりんとう	全国	
半生菓子	そば饅頭		そばの老舗，本家尾張屋はそば饅頭から創業された（1465）．
〈そば米〉			
そば米（徳島の名称）		徳島県祖谷地方	平家の落人が，米の採れない荒れ地で，米のようなものを考案したと伝えられる．かまぼこやワカメなどと共に「そば米汁」として利用．
むきそば（山形の名称）		山形県酒田市	元々は京都の僧侶が考案したものが，北前船で酒田に伝わったといわれる．米に配合し炊飯したり，おかずに添えられたりして食される（池田・池田，1999）．
〈茶・酒〉			
そば茶		全国	日本では煎ったそば米でつくるが，チェコなどの欧州では焙燥した若葉でつくる．
そば焼酎		宮崎県をはじめ全国	焼酎は 16 世紀頃南蛮からその文化が伝来した．そば焼酎は宮崎県五ヶ瀬の特産であるそばを材料にして 1970 年代に普及した．第 2 回国際そばシンポジウムが 1983 年に宮崎大学で開催されたが諸外国のシンポジウム参加者がその風味に惹かれて賞味していたことを覚えている．
そばビール		全国	伝統的には欧州（フランス，ベルギーなど）で製造されてきたが，最近では我が国でも北海道，沖縄，出雲など広く製造されている．酒造法の関係でビールとよべないので色々工夫されている．
〈幼若植物〉			
もやし		青森など全国	韓国では，そば冷麺にそばもやしを添えて食する習慣がある．
〈藁（わら）〉			
蒟蒻		徳島を中心に全国	そば藁（花，茎などの乾燥物）を燃やしてそば灰をつくる．できたそば灰を水に懸濁・濾過をする．荒切した蒟蒻芋とそば灰液をミキサー内で混合すると美味な蒟蒻ができる．徳島などで伝承技術として引き継がれている（Ikeda，1999）．

省，陝西省などの北部，北西部，北東部の高緯度の地帯が普通そばの主要な生産地である．一方，南西部や，万里長城に沿った冷涼な山岳地帯などでダッタンそばが栽培されている．農業・医学に関する中国のいくつかの古文書や古詩歌などによると，紀元前 11 世紀頃，すなわち約 3000 年前に，中国でそばの栽培が開始されたと記述されている．

　中国では「南米北麺」といわれるように，特に，中国北部には麺を中心とした食の文化があり，様々な形の麺がみられる．中国語の麺という語は小麦粉のことを意味し，一方「餅」は小麦粉からつくられた食べ物を総称する語として使われてきた．我が国でもよく知られている月餅も，もち米ではなく小麦粉からつくられたものである．日本語と中国語は，概ねよく似ているが，少し異なる場合があり，日本語では餅は小麦加工品ではなく，米加工品のもちを意味する．さて，その後，唐の時代に小麦食品を長い麺条に加工する技術が生まれ，続いて宋の時代には様々な麺料理が生まれ，この頃から麺という言葉はうどんやそうめんのような形に加工された小麦粉食品をも意味して用いられるようになったといわれる．今日，麺食というとおよそ 4 つに分類される．①麺（mian，湯麺は我が国のラーメンのような食品），②包子（bao-zi，我が国の肉まんに似たもので，内部に味のついた具が入っている．表面には具を包んだ際の結び目がある），③饃（mo，饅頭．包子とは違って，内部に具の入っていないもの．このために表面に結び目がない），④餅（bing，小麦粉をこねて焼いた円形の食物の総称．焼餅，油餅などに分類される）．麺は現代では小麦だけでなく，他の穀類粉にも拡大して用い

(A)   (B)

図 6.1　中国の麺の故郷といわれる山西省太原市での麺
（A）第 5 回国際そばシンポジウム（1992）において提供された麺料理，（B）刀削麺をつくる様子．

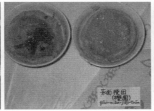

図 6.2 様々な中国のそば料理

(A)   (B)   (C)

図 6.3 中国の猫耳朶と蕎麦殻（口絵 8）
(A) 猫耳朶を作製している様子，(B) 猫耳朶，(C) 蕎麦殻.

られるようになり，そば粉の場合は 蕎 麺 （チャオミェン）とよばれる．山西省や陝西省は，麺の技術のふるさとと称され，様々な形の麺をみることができる．図 6.1 は，刀削麺である．

　蕎麺だけでも中国には様々なものがみられる（図 6.2）．図 6.3(A) は，陝西省での蕎麺つくりの様子である．これは切り麺であり，我が国のそば切りに類似している．図 6.3(B) は，「そばの猫耳朶」（マオアルドー）（猫の耳朶のような麺）とよばれる麺である．ところで，イタリアにはオレキエッテとよばれるデュラム小麦でつくるパスタがある．猫耳朶とオレキエッテは，極めて類似した食べ物である．さらに，中国には，貝の形をかたどった 蕎 麦 殻 （チャオマイカー）（図 6.3(C)）とよばれる蕎麺がある．イタリアにはコンキリエという貝殻の形をしたパスタがあり，これら 2 つも似通った食べ物である．中国とイタリアにこのような類似した食品が存在することは，大変興味深い．

　パスタの起源については，諸説あってよくわかっていない．12 世紀頃にイタリアでパスタがつくられたが，その起源はマルコ・ポーロがシルクロードを介し

て伝えた中国の製麺技術だとする説がある．一方で，ギリシャ起源説，アラブ起源説，エトルリア起源説，中国の技術がアラブ諸国などに伝わった後にイタリアへ伝播した説などもある．いずれにせよ中国の麺とイタリアのパスタに類似した部分があるのは事実である．中国には麺道六法[1]という言葉があり，おそらく麺の製法は中国から発したと考えられるが，イタリアにも類似した食べ物があり，両国がシルクロードを介して，影響し合ったとも推察できる．

6.2.3 韓 国

本項は，朴喆虎教授（韓国江原大学校農業生命科学大学）の了解を得て朴教授の資料（朴，2003）を基に記述している．

朝鮮におけるそばに関する最初の記録は，1236〜1251年に著述された古文書『郷薬救急方』にみられる．ところが，興味深いことに最近朴教授らは，高句麗創世記の東明聖王（BC 58〜BC 19）の記録としてそば利用が掲載されていることを報告している（Park and Park, 2023）．そばは中国から紀元前に伝来したと考えられている．食料の不作時に救荒作物として利用され，特に，江原道の山岳地帯を中心として焼畑で移動耕作の形で栽培されてきた．1974年には荒廃した山岳地域を再生させる目的で移動耕作が法的に禁止された．

韓国で最も有名な麺は冷麺（ネンミョン）である．これは現在の北朝鮮・平壌および咸興を起源とする食べ物で，高麗時代（918〜1392）に次第にポピュラーになっていった．1849年の『東国歳時記』に記録があり，そば麺が用いられたとある．韓国に伝わったのは1950年頃，朝鮮戦争がきっかけであったといわれている．韓国では冷麺の他，パンケーキ，もやし，野菜，酒など多彩な形で利用されてきた．特筆すべき利用法として，そばの実を発芽させたそばもやしと，そばをポップ（pop）した挽き割りそばは韓国特有の食品であり，またこの2つの食品はルチン含量が高い点に特徴がある．

冷麺の他にも朝鮮半島には様々なそば麺がある（図6.5）．韓国語（朝鮮語）

---

1 筆者が，麺の故郷と称される中国山西省で麺祭を訪問した際，「麺道六法」の幟が上がっていた．中日辞典によると，麺道六法について，「麺」には小麦麺や蕎麺などがあり，「道」には「方法，手段」の意があり，また「六」に六書や六神などの語があるように「多い」という意味があり，「法」には「模範」という意があるところから，「麺道六法」は，「麺をつくるには，多彩な加工の模範があること」を示している．

(A)そばの冷麺

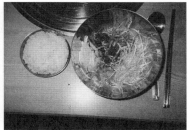

(B)そばもやしの添えられたそば冷麺

(C)春川近郊のそば祭

(D)そばのムック料理

図 6.4 韓国のそばの冷麺とそばもやしとムック

でそばはメミルという．ネンミョンは前述の通り北朝鮮の食べ物であり，他にも北朝鮮には温かいスープで食するオンミョンがある．また，韓国の麺にグッククスというものがある．麺を意味する2つの言葉，つまりネンミョンとグッククスでは，ネンミョンはそばの外皮を除去して，できた外皮の入らないむき身で麺をつくるが，一方グッククスは外皮を除かないで，挽いたそば粉で麺をつくる点に違いがある．グッククスは，外皮を除去しない点で，日本の出雲そばや，イタリアのピッツォッケリ（後述）の製法に似ている．マッククスという種類の麺もある．マックという言葉には「一気に」という意味があり，一気に作って一気に食するというところから名づけられたとのことである．他にも，そば粉の含有量が異なるそば食品がいくつかあり，グッククスひとつとっても生魚入りの胡麻入りグッククス，野菜とスパイス入りのグッククス，キムチ・アンチョビ入りグッククスなど多彩である．麺以外にも北朝鮮，韓国共に，メミルムック（ゼリー状のそば食品），メミルマンズ（団子状の食品）などがある．

食べ物以外のそばの利用法として，そばがらを伝統的に枕の内容物として利用する[2]．また，古い時代から，そばの茎を燃焼し，燻し，魔除けに用いてきた．茎の燃焼物の灰から石けんをつくることも古来行われていた．春川市（チュンチョン）（日本の長野県に気候がよく似ている）では，毎年そばの祭りが行われている．このようにそばは，韓国の伝統的な食べ物である．　　　　　　　　　　　　　　　　〔池田清和〕

6.2.4　ヨーロッパ

　ヨーロッパにおいては，東方の国からそばの種子が伝来し，少なくとも600年以上にわたり栽培されてきたと考えられている．製粉器は，古い時代には手動式であったが，後に水車型に変わった（図6.5）．北ヨーロッパでは，デンマークのような風車型製粉器であった．農夫の有する多くの製粉器があり，農夫自身が使用していたり，あるいは同じ村に住む他の農夫も使用していたり，また多くの農夫達が共同で使用する製粉器もあった．そばがら粒の製粉は，前もって外皮を除くことなく行われていた．そばの外皮に由来する黒点がそば粉に混じっているのが普通の状態であり，むしろ黒点があるのがそばらしさを示していると考えられていた[3]．人々は，そば粉に外皮の残りが混じっていることに決して文句など言わなかった．しかし，特別なケーキ（例えばポティカ（potica）とよばれるそばケーキ）に限っては，白いそば粉が好まれた．ヨーロッパには，伝統的に多彩なそば粉料理があり，そのような多彩性は，スロベニアやイタリアにおいて今日でもよく保存されている．この2つの国には，この良き伝統性を活かした，新規なそば粉料理の展開も今日みられる．

　中央ヨーロッパでは，そば粉パンが大変親しまれているそば粉食品である．伝統的にはオーストリア，スロベニア，クロアチアで食され，最近ではスイスやドイツでも食べられているようである．そば粉パンには，そば粉は30〜35％入っており，他は小麦粉か，あるいは小麦粉とライ麦粉の混合である．普通そば粉からパンをつくる場合，スターターとしてイーストまたはサワードウを加える前に，そば粉生地を高温加熱する．スロベニアでは，そば粉に粉砕したクルミを入れた

2　そばがらの枕は奈良の正倉院でも見つかっており，日本でも伝統的に用いられてきたものであるが，韓国や中国にもみられる．

3　イタリアにピッツォッケリというそばの長いパスタがあるが，これを食するとガシガシというような外皮の粉に由来する食感があり，ヨーロッパの人達はこのような食感がそばらしさと感じている．

図 6.5 川水を利用した伝統的なそば製粉用の
石臼（ラングス・ミル）（口絵 9）

図 6.6 クルミの入った伝統的な普通そば粉パン
（スロベニア）（口絵 10）

図 6.7 2 つのスロベニアの伝統的なロールパン
（口絵 11）
それぞれのパンの色の濃い部分はそば粉と小麦粉の
混合物に由来し，明るい部分は小麦粉に由来する．

クルミそば粉パンをつくり，これは今日でも大変ポピュラーでスロベニアの特産
品として広く輸出されている（図 6.6）．また，クルミの代わりに，ドライフルー
ツ（ドライプラム，ドライリンゴ，ドライモモスライスなど）を加えたそば粉パ
ンもある．

　最近はダッタンそば粉パンもつくられ人気がある．そば粉の配合割合は，普通
そば粉パンよりもう少し多く約 40〜50 ％であり，また釜で焼く前の高温加熱は
必ずしも必要ない．

図6.8　スロベニアのそばヂガンチ（口絵12）オーストリアではシュテルツという.

図6.9　加熱かぶのピクルスと脱皮きびを合わせたそばヂガンチ

　スロベニアの伝統的そばパンの1つに，ロールパンがある（図6.7）．このパンの色の濃い部分はそば粉で，明るい部分は小麦粉でできている．そば粉の代わりにトウモロコシ粉やダッタンそば粉を用いてつくるアレンジもある．このパンは，「貧しい人々のポティカ」とよばれる．ポティカとは，スロベニアの大切な休日につくられる伝統的なお菓子のことで，元来は高価なクルミやケシの実などを混ぜ込むが，上の「貧しい人々のポティカ」の場合はこのような高価な材料は使われない．

　スロベニア，クロアチア，オーストリアでは，伝統的なそば料理のヂガンチ（žganci）がある（図6.8, 6.9）．南オーストリアではシュテルツ（Sterz）とよばれる．このそば料理は，基本的には，そば粉と沸騰水を混ぜることでつくられる．国や地方によって細かいつくり方はまちまちだが，大まかな料理法としては，日本のそばがきに類似している．粉とお湯を混ぜて練った生地に，なにがしかの油[4]を加え，トッピングにはグリーブス[5]をのせる．伝統的な料理として当該地域の人々に親しまれており，子供達はしばしばミルクと一緒に食する．大人は大麦コーヒーやチコリ根コーヒー[6]と一緒に食する．そばパンとは違って，ヂガンチは，今日でもスロベニアのそば料理の中では極めてポピュラーであり，家庭内のみならず，レストランでもビーフシチューやスープと共に提供されている．

4　スロベニアでは，カボチャ油がよく使われる．
5　ローストした豚肉のキューブ状のかけら（サイズは1 cm程度）．
6　いずれもヨーロッパではポピュラーなコーヒー．

図6.10　ヨーロッパ（特にイタリア，スロベニアで
ポピュラー）の伝統的そばパスタ（口絵13）

図6.11　スロベニアの近代そばパスタ（50％普
通そばと50％スペルト小麦からつくる）

図6.12　フランスのそばパスタ・クロ
ゼット（口絵14）

　ヨーロッパでは，北イタリアにあるヴァルテリーナ渓谷[7]が，そばパスタ（ピッ
ツォッケリ（pizzoccheri））で古来有名である（図6.10）．伝統的にはピッツォッ
ケリはイタリアやスイスで手作りでつくられていた．今日では食品工場製のピッ
ツォッケリが多彩な葉野菜や調理済みジャガイモ，メルトチーズなどと共に食さ
れているが，必ず添えるものとして赤いサルビア葉がある．似たようなそばパス
タが北スロベニアにもあり，グリーンピースやシチューを添えた料理の形で食す
る．日本でもピッツォッケリを提供する店がある．最近スロベニアでは，ダッタ
ンそばパスタ（ダッタンそば粉が34％で残りはデュラム小麦粉である）が新規
開発され，スロベニア食品保証協会の協会賞を受け，注目されている．このよう

7　北部アルプス山岳帯（山越するとスイス）のソンドリオ市近傍にある標高1000ｍ程の渓谷で，伝統
　的にそば栽培で有名な地域．日本の長野県や韓国の春川市と同様，標高がこれくらいのところがそば
　栽培に最適である．

図 6.13　中央に卵を置いた典型的なブルターニュ風ガレット

なパスタは，普通そばでもダッタンそばでも製造することができる（図 6.11）．

　フランスの南東部（サヴォワ県など）にも別の伝統的なそばパスタがある．こ
れは小さく平らなパスタでクロゼット（crozets，図 6.12）とよばれ，今日では
食品工場でつくられている．

　おそらく，ヨーロッパで最もポピュラーなそば製品はガレット（galettes）で
あろう．ガレットはフランスのブルターニュ地方で発祥した料理で，そば粉と水
などを混ぜた生地を薄くのばして焼いたものである．フランス語で小石を意味す
る galet という語から派生し，丸く平たい料理をガレットとよぶようになった．
そば粉のガレットは正確にはブルターニュ風ガレットである（図 6.13）．多彩な
調理法やスタイルがあり，世界的にみても最も有名なそば料理である．ガレット
をつくる上では，そば粉と水とを混合した後，焼く前に数時間冷所に放置するこ
とが，食感や味に強く影響する．歴史的にみると，元々ガレットのつくり方は，
大変シンプルであって，薄いバターのスライスと，卵がのっただけのものであっ
た．エメンタールチーズと生ハムを具とし，中央に卵を置いたものが典型的な
スタイルで「ガレット・コンプレット」という．近年には，元来のブルターニュ
地方やフランス北西部などのオリジナルのガレットにはなかったような，多彩な
トッピング（肉や鮭のスライス，何か美味な添え物など）が登場している．ガレッ
トは食事用のものであり，そば粉生地を薄く焼いたものがマーマレードや何か甘
みある食べ物でトッピングされた場合にはクレープ（crepes）とよぶ．

　ガレットに似たそば料理として，ロシアのブリヌイ（blini）がある（図 6.14）．
ガレットに比べると少し小さいが，少し厚みがある．元々は，サワークリームな

図 6.14 ロシアのブリヌイ（サワークリームとチャイブと共に）

図 6.15 ダッタンそば粉と小麦粉でつくり，芥子の実を入れた伝統的ポティカ

図 6.16 伝統的ビゼリュスコケーキ（口絵 15）

どをトッピングして食されていた．ロシア以外の国では，スウェーデンやノルウェーなどでも大変ポピュラーであり，これらの国々ではキャビアがトッピングされ，スパークリングワインと共に夕食後に饗応される．

　スロベニアには，そばを用いたお菓子がある．前述の「貧しい人々のポティカ」の元となったポティカは，スロベニアの伝統的なお菓子で，人々に親しまれている．そば粉と小麦粉でつくった 2 種の生地をロール状にしてナッツ類を混ぜて焼いたものである（図 6.15）．また，東部の地方都市ビゼリュスコに伝わるロールケーキ（ビゼリュスコケーキ）がある（図 6.16）．この地域に住む女性達は毎年このケーキをつくる大会を主催しており，学校に通う子供達が参加し，伝統的なつくり方に則っていればご褒美がもらえるという．このようにして，ビゼリュスコケーキの伝統的なつくり方を継承している．

　近年，普通そばを使った様々な菓子やクラッカーがドイツを中心としてヨー

図6.17　スロベニア第2の都市マリボル市で製造されているポピュラーな棒状クラッカー（ダッタンそば粉と小麦粉でつくりゴマで覆う）

図6.18　ダッタンそばからつくりカッテージチーズで充填したパフ・ペイストリー（口絵16）

図6.19　クランベリージャム入りのそばケーキ

ロッパ中で製造されている（図6.17，6.18）．これらの菓子類のいくつかは，ドイツやスロベニアで，ダッタンそばからも製造されている．イタリアでは，ダッタンそばのビールが製造されている．ドイツでは，ルチンに富んだダッタンそばの製品が製パン業界において展開している．

　イタリア，オーストリア，スロベニアでは，そば粉を使った甘いケーキが伝統的につくられている（図6.19）．このケーキにはクランベリージャムが入れてあり，これが普通そばの味と大変よく合う．マルボル市ピラミダ高等教育センターのブランカ・ヴォンベルガー教授（B. Vombergar）らの研究グループは，ダッタンそばからいくつかのケーキを開発している．特に，リンゴを入れたダッタンそばケーキは人気が高い．ダッタンそばには苦味があるが，消費者はこのような苦味はむしろ嗜好を高める味として好むといわれている．中国，特に四川省などでは市内の食堂で消費者は好んで苦味のあるダッタンそばを食している．

　イタリアの伝統的そば料理にポレンタ（polenta）がある．ポレンタは，ふつ

図 6.20　調理した直後のそばのポレンタ（固い
マッシュ）

図 6.21　そばのポレンタ（冷やし，スライスし，
豚肉と共に）

うコーングリッツ（とうもろこしの粗い粉）を煮て粥状に調理したものをいう．
しかし，トウモロコシが新大陸から到達する以前には，デュラム小麦粉やスペル
ト小麦粉[8]やそば粉でつくられていた．北イタリア・ヴァルテリーナ峡谷（イタ
リアのそば栽培地）では，今もそば粗粉，またはそば粉とコーングリッツの等量
混合粉でつくられている．ポレンタは簡単な料理であり，鍋の中で粉に沸騰水を
ゆっくり加え粉を混合してつくる．数分後，鍋を火からはずし，木製の容器に入
れ，ゆっくり冷やすと固くなってくる．冷ましたポレンタを糸でスライスし，肉
の薄切りと共に，油とラードで揚げる（図 6.20, 6.21）．

　複数の国で共通したそば料理があり，スロベニアではクラピー（krapi），ポー
ランドではピエロギ（pierogi），ウクライナではヴァレニキ（vareniki）または
ガルシュキー（galushki）とよばれる．練り上げたそば生地に詰め物を入れて煮
たり揚げたりしたものである．クラピーの場合，カッテージチーズを主体として，
その他挽き割り穀粒や，きびまたはそば粉，さらに西洋梨などを適当に組み合わ
せたものを具材とする（図 6.22）．ピエロギも同様に，詰め物にカッテージチー
ズを用いる．ガルシュキーでは詰め物に豚肉を用いる．煮たり油で揚げて完成す
る．イタリアのミラノ北部にあるテグリオ峡谷，特にヴァルテリーナ峡谷には，
シアット（sciatt）という伝統的なそば料理がある（図 6.23）．この料理は，クラピー
やピエロギのようにそば生地を混捏しない．その代わりに，そば生地を玉じゃく

8　スペルト小麦は古代小麦ともいわれ，普通小麦の原種といわれる．イタリアではふつうにマーケット
　などで売られている．

図 6.22　スロベニア・ゴレンスカ地方のそば料理
　　　　　クラピー（詰め物：きび穀粒）（口絵 17）

図 6.23　イタリア・テグリオ・ヴァルテリーナ峡
　　　　　谷地方の特産そば料理シアット（口絵 18）

図 6.24　そばカーシャと豚肉を詰め物にした
　　　　　ソーセージ
ムルスカ・ソボタ（スロベニア北部にありハンガ
リーとの国境に近い町）の伝統的そば料理.

図 6.25　マッシュルームを入れたそばカーシャ

しで取り, その中央部にこの地方特産のサイコロ状のチーズを入れて, 油で素揚
げする. シアットを緑色または赤緑色のチコリサラダと一緒に供するスタイルが,
この地方では一般的である. 揚げたそばが, こんがりとした色になるように揚げ,
皿に乗せてナイフで切ると, チーズがとろけるように出てきて, 大変美味である.
簡単に調理できるため, 日本でもぜひ広まってほしいと思う.

　そばカーシャ[9] は, 中央ヨーロッパからロシアにかけて古くから親しまれてき
た料理である. スロベニアの農業技術書（1689）に, 既にカーシャのことが記述
されている.

9　カーシャは元来スラヴ諸語であるが, ヨーロッパ全般や, カナダ（この国はスロベニア, ポーランド,
　ウクライナなどからの移民が多い）などで国際語として使われる.

長い年月をかけてつくられてきた特殊な脱外皮技術によって調製される．そば穀粒を水に漬けて加熱すると，内部のデンプンが膨潤し，そばの胚乳全体がふくれあがり，外皮の一部が壊される．その後，加熱したそば穀粒を日陰下で乾燥させると，外皮が乾燥して壊れやすくなり，また内部は硬くなりまた弾力性が出てくる．こうしてできたそば穀粒を脱皮機にかけ，外皮を外す．外れた外皮を風などで除く．こうしてつくるカーシャの食べ方として，東部スロベニアでは，カーシャと豚肉でつくったソーセージが有名である（図6.24）．

中央・東ヨーロッパにおいて，伝統的方法で調理されたカーシャは，格別の味をもっている．カーシャは，マッシュルームや野菜，ミートソースなどと一緒にして供される（図6.25）．東フィンランドのカレリアでは，ピエロガー（pieroger）という，ライ麦粉をベースにして，そばカーシャを詰め物にした料理がある．ただ，最近はそばカーシャの代わりに米を入れるようになっている．このように近年，そばのもつ伝統的な味は別として，そばカーシャに代えて，米を使うケースが多くみられる．逆に，東欧・北欧のシェフが，米に比べてうま味がより強く，栄養価もより高いそばのカーシャを用いる頻度が高くなってきている．

〔Ivan Kreft・池田清和訳〕

6.2.5 ロシア

本項は，ガリナ・スヴォロヴァ博士（全ロシア豆類・穀類研究所研究員）の了解を得てスヴォロヴァ博士の資料を基に記述している．

(A)   (B)

図6.26 ロシアのそば米（カーシャ）料理（提供：(A) G. スヴォロヴァ，(B) 池田清和）（口絵19を参照）

図 6.27　ロシアのそば米（カーシャ）と市販のそばの菓子類（提供：G. スヴォロヴァ）（口絵 20）

（A）　　　　　　　　　　　　　　　　　　　（B）

図 6.28　インドの蕎麦料理（撮影：鈴木達郎）
（A）ロティ，（B）そば粉の入ったクッキー.

　そばは，ロシア連邦では大変ポピュラーな食品である（図 6.26，6.27）．カーシャ
とよばれる脱殻されたそばが，食用に利用される．カーシャは本来ロシア語であ
るが，前述のように東欧を中心に使われており国際語となっている．若い人たち
は，ミルクやバターと合わせたカーシャを好み，時々は砂糖もつける．一方，大
人や高齢者は，肉料理や野菜料理の付け合わせとして食することを好む．粘りが
ある濃厚なカーシャも好まれ，加熱処理をしていない脱殻そばを家庭で長時間調
理することでつくられる．かつては家庭では，そばのパンケーキや，発酵カーシャ
などもつくられ，特に謝肉祭[10] の際に盛んに食されていた．現在では，これらの

10　カトリックの復活祭の前に肉食を断つ期間である四旬節が始まる前に行われる行事.

料理は，レストランでも食すことができる．最近では，いくつかの食品会社で，そばのパンやクッキー，麺などがつくられるようになっているが，やはりそばカーシャ料理が，ほとんどのロシア人が好む料理である．

6.2.6　その他地域

そばは，上記の国々の他，様々な国で広く利用されている．ヒマラヤ諸国で広く利用されている（池田・氏原，2004；大西，2003）．ネパールやブータン，北インドなどでは，ロティ（Roti），チャパティとよばれる，パンケーキ風のそば料理がある．図6.28は，北インドのロティとそばのクッキーである．これらのそば料理は，硬めのそば生地を円形に伸ばし，鉄板で焼いた料理であり，唐辛子やニンニクなどを入れたたれで食する．　　　　　　　　　　　　　　〔池田清和〕

文　献

Asami, Y. et al. (2009) Foodserving-scientific aspects on the utilization of buckwheat noodles. *Fagopyrum*, **26**, 85-90.

藤村和夫（1985）変わりそば：さらしな粉を使って色と風味を楽しむ．新島　繁・薩摩夘一協編，蕎麦の世界，pp. 139-155，柴田書店．

Ikeda, K. (2002) Buckwheat composition, chemistry, and processing. *Adv. Food Nutr. Res.*, **44**, 395-434.

池田清和・池田小夜子（1999）蕎麦利用の日本・中国・欧州における食文化学的比較研究．日本食生活文化調査報告集，**16**，1-41.

Ikeda, S. et al. (1999) Mineral composition of buckwheat by-products and its processing characteristics to konjak preparation. *Fagopyrum*, **16**, 89-94.

池田小夜子・氏原暉男（2004）世界のそば料理と加工方法．全麺協編，そば打ち教本，pp. 176-180，柴田書店．

池田小夜子・氏原暉男（2004）日本と世界のそば料理．全麺協編，そば打ち教本，pp. 168-173，柴田書店．

國中　明（2008）核酸系化合物の旨みの発見とその後の展開．日本味と匂学会誌，**15**(2)，159-168.

三輪茂雄（1985）そばと石臼．新島　繁・薩摩夘一協編，蕎麦の世界，pp. 206-214，柴田書店．

長尾精一（2014）小麦の機能と科学．朝倉書店．

大西近江（2003）Buckwheat in the Himalayan hills. In: *Ethnobotany of Buckwheat*, Kreft, I. et al. (eds.), p. 21, Jinsol Publishing.

Park, C. H. (2003) Buckwheat in Korea. In: *Ethnobotany of Buckwheat*, Kreft, I. et al. (eds.), pp. 43-53, Jinsol Publishing.

Skrabanja, V. (2003) New dishes and new buckwheat countries. In: *Ethnobotany of Buckwheat*, Kreft, I. et al. (eds.), pp. 136-148, Jinsol Publishing.

張　政・王　傳花（2003）Traditional buckwheat growing and utilization in China. In: *Ethnobotany of Buckwheat*, Kreft, I. et al. (eds.), pp. 9-20, Jinsol Publishing.

7 未来社会におけるそば活用の展望

❦ 7.1 長寿と和食 ❧

　そばは，栄養学上で総合的に優れた食品である．この良き食品を，是非今後とも伝承していきたいものである．日本人の食生活は，第二次世界大戦以後大いに変化してきた．食の欧風化が進み，良質のタンパク質などの必須栄養素の摂取状態が改善されたことにより，我が国は現在平均寿命で世界トップレベルの長寿国となっている．平均寿命（2018，男女合計）でいえば，第1位日本（84.2歳，人口：1億2650万人，人口の順位：11位），第2位スイス（83.3歳，人口：800万人），第3位スペイン（83.1歳，人口：4600万人），第4位フランス（82.9歳，人口：6500万人），第4位シンガポール（82.9歳，人口：560万人）である．健康寿命[1]（2018，男女合計）でいえば，第1位シンガポール（84.2歳），第2位日本（74.8歳），第3位スペイン（73.8歳），第4位スイス（73.5歳，人口：800万人）である．ここで注目すべき点は，人口との関係で，長寿国のランキングの中で日本だけが1億を超える人口を有し，ランキングを全体的にみると例外的である．人口の多い国をみてみると，表7.1は，人口1億人以上の国14ヶ国の平均寿命を示している．日本だけが，際立って平均寿命が長いことがわかる．

　では，我が国の長寿を支えている要因は何かという疑問をもつことだろう．医療の発達に加えて，食事，つまり和食が深く関係していると考えられている．日本の伝統的な食事，つまり和食は，縄文時代や弥生時代，古墳時代など長い歴史

1　ヒトの平均寿命とは「0歳の乳児が将来生存し得る平均的な年数」をいい，他方健康寿命とは「健康上の問題によって日常生活に制限されることのない寿命」のことをいう．したがって，平均寿命と健康寿命の差異は「日常生活になにがしかの制限のある，不健康な期間」を指すことになる．

表 7.1 人口 1 億人以上の国の平均寿命比較

国名	平均寿命[*1]	平均寿命の順位[*1]	人口数（億）[*2]
日本	84.3	1 位	1.26
米国	78.5	40 位	3.35
中国	77.4	48 位	14.49
メキシコ	76	62 位	1.32
ブラジル	75.9	67 位	2.15
バングラデシュ	74.3	82 位	1.68
ロシア	73.2	96 位	1.46
エジプト	71.8	112 位	1.06
インドネシア	71.3	115 位	2.79
インド	70.9	117 位	14.07
フィリピン	70.5	119 位	1.13
エチオピア	68.7	128 位	1.21
パキスタン	75.6	143 位	2.3
ナイジェリア	62.6	167 位	2.17

[*1]：国連人口基金（UNFPA, 2022）「世界人口白書」から引用.
[*2]：WHO, World Health Statictics（2019）から引用（調査国：183 国）.

の中で形成されてきた．約 3000 年前に始まる弥生時代に稲が伝来し，米を中心とした和食の文化が形成されてきたと考えられている．特に，銘々膳の発展[2] や，鎌倉・室町時代に形成されてきた本膳料理などにより，「伝統的な一汁三菜」の形式が確立されてきたと考えられている．今日の栄養学の教える大切なポイントは，「ヒトの健康保持・増進のためにはバランス良く食事を摂ること」である．これに関して，我が国の「伝統的な一汁三菜」的食事，つまり下記の「五味五色五法」に表現されるように，食事は数品の食品だけで済ませるのではなく，色々な食べ物をあわせもって食することが，私達日本人には，自然に身についた食習慣となっている．このような自然な食習慣は重要であり，これが現在の我が国国民の長寿と密接に関係していると考えられている．

　そば料理も，和食の一種である．いわゆるバランス良好食が和食の原点になっている．そば麺料理にも，バランス良好食に富んでいる．栄養学の視点から，そばは「栄養的バランスの完成度の高い食べ物」（ヒトに必要な栄養素を高度に揃えている食べ物）であるので，少しのトッピング添加でさらに完成度の高い食べ物になる．焼き海苔（ビタミン A, C, D などに富む）をトッピングしたざるそ

2　我が国は古来座食が中心で，古墳時代には弥生時代以前にはみられない個人用食器が発見されている.

ば，多彩な具に富むおかめそば，しっぽくそば，そば米汁，鍋焼きそば，そば鍋（長野県に伝承されるとうじそばなど），木曽のすんきそば，多彩な具材に富む出雲そば・出石そばなど様々なそば食があり，これらは栄養バランスのとれた料理である．

❬ 7.2　そばと健康 ❭

　我が国は現在世界一のレベルの長寿国であるが，ここに至るまでには戦後半世紀以上の年月がかかったことを忘れてはならない．現在の国民の健康の状態は極めて良好で，健康寿命，平均寿命共に最長寿国のレベルである．しかし，これから未来の半世紀先にはどのような栄養状態になっているのかを大変危惧するところである（未来への栄養学的危惧）．かつては，伝統的な食材を用いて手作りの食事を摂取してきたが，現在では脂肪分が多いファストフード，インスタント食品など便利な食事が簡単に摂取できるようになってきたが，はたしてこのような食事で良いのであろうかという疑問がわいてくる．この章では，そばに関連した，将来の健康問題について紹介する．本章は，池田小夜子（前神戸学院大学栄養学部教授，管理栄養士）の監修の元にして記述している．

　ここでは，生活習慣病（脂質異常症，糖尿病，動脈硬化症など）の発症に関係する食事のバランスに焦点をしぼる．

　国民の健康・栄養状態を端的に知るには，例えば，厚生労働省の統計（国民健康・栄養調査）によると，30％を上限とする脂肪エネルギー比率は1970年代では十数％であったが，約50年間で顕著に増加している．つまり，脂肪は大変美味であるので，人々は知らず知らずの間に食してしまう．霜降りの牛肉や，揚げ物，マヨネーズトッピングのフライ物やお好み焼き，マグロとろの寿司，クリームケーキなど，脂肪の美味に惹かれてついつい食し，肥満していくのである．肥満は多くの生活習慣病罹患の出発点になる．

　そこで，そば，米，大豆，海藻，魚介類など，我が国古来の伝統食品をうまく活用した食生活を送ることが，これからの私達日本人の健康維持・増進のために肝要だと考えられている．

　日本人のエネルギー摂取比率の目標量（厚生労働省，2020）に関しては，PFC比（protein-fat-carbohydrate 比）で表される．炭水化物エネルギー比率は50〜

65％（1歳以上），脂肪エネルギー比率は 20〜30％（18歳以上），タンパク質エネルギー比率は 13〜20％（1〜49歳）となっている．これらの PFC 比で食事することが，健康維持の目標量となっている．

炭水化物エネルギー比率が 50〜65％の意味することは，平易にいえば，摂取エネルギーの過半を炭水化物，つまり穀類から摂取することが望ましいということになる．これに関係して，食生活指針（文部科学省・厚生労働省・農林水産省，2016）には「ごはんなどの穀類をしっかりと」と謳われている．そばも穀類の一種である．「しっかりと」という表現は，奥深い表現であり，美味が故に過多になりがちな脂肪摂取に陥らないように，バランスのとれた食事を維持することにつながる．例えば，身体活動レベル「ふつう」に属する 30〜49歳男子は 1日に2700 kcal のエネルギーが必要である．このエネルギーの過半量 1350 kcal を穀類で摂取するには以下のような食事を摂る必要がある．

・ごはん（300 g，480 kcal）×3 食＝1440 kcal　（過半量を少し超える）
・食パン（6枚切の3枚，480 kcal）×3 食＝1440 kcal　（過半量を少し超える）
・かけそば（ゆで麺 350 g，400 kcal）×3 食＝1200 kcal　（過半量の約 90％）

ただし消費者庁の「栄養素等表示基準値（2015）」では日本人の炭水化物目標摂取量は 1280 kcal/日となっており，この値に近い．

上の食事例は，1日にごはんばかりを摂取するのがよいという意味ではなく，むしろ3つの食品を適当に混合した方がよい．そばは，このように，ごはんやパンと並ぶ，主食として大切な食べ物なのである．一方で，上のエネルギー値は3つの食品のいずれもがふつう人が一日に摂取する量より多めであることがわかる．他方，炭水化物エネルギー比率は過半量を充足させるのは困難な面もあり，実際の国民の摂取比率は，2013〜2023年はこの 40％程度であることが判明している．今後，この問題点は十分に検討すべきである．

タンパク質については，そばは極めて良質であることを既に述べた．バランスのとれた食事をすれば，その摂取比率は自ずから全体のエネルギーのうち 13〜20％（1〜49歳，男女共）の範囲に収まってくる．

近年の多くの栄養学研究の教えるところは，「well-balanced diets」の重要性であり，このことが本節の冒頭で述べた「未来への栄養学的危惧」への解決の道を与えると考えられる．現今「人生 100 年時代」と厚生労働省は謳っているが，我が国の伝統食を継承し，主食（そばを含む），主菜，副菜を基にして，五味五

色五法をおり混ぜたバランスのとれた食事を，心から楽しみながら（副交感神経
を刺激しながら）摂ることが，さらなる長寿時代を確立するために重要である．

❦　7.3　そばの継承と学校給食　❧

　そばのような伝統食品を後世に伝承することが，極めて重要だと考えられてい
る．「伝統食品の後世への継承」といっても種々難しい面もあるが，1つには家
庭内での継承（祖父母・両親から子供への継承），もう1つには学校給食におい
て，伝統食品の継承をするという方法があげられる．特に，学校給食の役割は重
要だと考えられている．近年「食育」という言葉がよく謳われる通り，欠食，偏
食，孤食と個食などにならないように子供達の食生活の適正化を図ることが重視
されており，学校給食の役割に期待が集まっている．このような食の教育を受け
た子供達が，数十年後になって，そばなどの伝統食品を，子供のときに食した「な
つかしい，おいしい食品」としてさらに後世に引き継いでいくものと考えられる．
実際，徳島県では，古くから学校給食でそば米汁料理が出されてきた．筆者の勤
務していた大学には徳島県出身者も比較的多く，彼らに給食に出されたそば米汁
のことを尋ねると，大変好印象で話してくれる．このような好印象を残すことが
大切であるのだなと感じた．
　また，6章で紹介した通り，そばは世界的にみるとケーキやパスタなど様々な
形に加工・調理されて食されている．麺も当然1つの大切な食べ方ではあるが，
麺だけにこだわらないで，ガレットやクレープ（フランス料理），ブリヌイ（ロ
シア料理），カーシャ（そば米）料理（欧州全般，ロシア，カザフスタン，カナ
ダ，徳島，山形など）など様々な工夫をしてそばを楽しむことも大いに推奨され
る．茹でて調理するそば麺はのびるという問題があり，時間のかかる給食配膳で
はしばしば食味の低下があると考えられるが，そば米やガレットなどはこれを解
決できる．
　そばにはアレルギーがあって学校給食で敬遠しがちであるが，上述の通り栄養
的価値の大変高い食品であり，アレルギーに正しく配慮して，上手に取り入れる
ことが推奨される．我が国では，8つの食品（卵，乳，小麦，えび，かに，落花生，
そば，くるみ）についてアレルギーの観点から表示義務があるが，特に重篤な即
時性のアレルギーを示すのは卵，乳，小麦の3つの食品である．

❧　7.4　食文化の継承と行事　❧

　近年，そばに関する行事，イベントなどが盛んに行われている．特に，そば打ちが各地で盛んに行われている．そば粉と水だけで見事につくり上げる，素晴らしい芸術である．全麺協主催の「日本そば大学講座」は，2005 年から開始され，こちらは全麺協の素人そば打ち段位認定制度での段位取得を目標にして研鑽しており，また名人大会も大変盛んに実施されている．他方，日本蕎麦保存会主催の「蕎麦鑑定士養成講座」や NPO 法人そばネットジャパンなども近年人気を博している．また高校生を対象にした「全国そば打ち選手権大会」（通称そば打ち甲子園）とよばれる大会にも力が入れられている．スロベニアで 2015 年に開催された第 13 回国際そばシンポジウムには，大阪のある高校生のグループが教員と共に参加し，多くの外国人そば学者や，同時に開催されていたスロベニアのそばフェスティバルの一般の参加者に，日本のそば打ちの巧みな技を披露していた．筆者は，上記の，ほとんどの団体に講師などとして関係しているが，かかるそば食文化の隆盛に，そば研究者として大いに賞賛するものであり，伝統食品であるそばにかかわるさらなる行事，イベントなどがますます盛んに実施され，今後さらに発展していくことを心底から望んでいる．

〔池田清和〕

文　献

厚生労働省（2020）日本人の食事摂取基準（2020 年版）.
文部科学省・厚生労働省・農林水産省（2016）食生活指針.

索　引

編者略歴

池田清和（いけだ きよかず）

1947年　京都府に生まれる
1972年　京都大学大学院農学研究科修了
現　在　神戸学院大学名誉教授
　　　　農学博士

食物と健康の科学シリーズ
そばの科学　　定価はカバーに表示

2024年6月1日　初版第1刷

編　者　池　田　清　和
発行者　朝　倉　誠　造
発行所　株式会社　朝　倉　書　店
東京都新宿区新小川町6-29
郵便番号　162-8707
電　話　03（3260）0141
FAX　03（3260）0180
https://www.asakura.co.jp

〈検印省略〉

教文堂・渡辺製本

ISBN 978-4-254-43556-6　C 3361　Printed in Japan

食物と健康の科学シリーズ 米の科学

高野 克己・谷口 亜樹子 (編)

A5 判／212 頁　978-4-254-43555-9 C3361　定価 3,960 円（本体 3,600 円＋税）

日本人にとって最も身近な食物である米について多面的に解説。単なる「主食」にとどまらない米の全貌を理解するための一冊。〔内容〕作物としてのイネ／良食味米の育種と栽培／構造・栄養成分／米料理／加工品／米と微生物／精米と貯蔵

豆類の百科事典

国分 牧衛・石本 政男・村本 光二・加藤 淳・谷口 亜樹子 (編)

A5 判／536 頁　978-4-254-40026-7 C3061　定価 14,300 円（本体 13,000 円＋税）

主要な豆類の生産，機能性，加工利用，歴史，食文化に至るまでを網羅し，他の雑豆や海外の豆類も紹介。200 以上の項目を頁単位で読み切り解説。基本知識と最新知見を幅広い読者に提供。豆類について調べる際にはまず手に取るべき，1 冊で豆のすべてがわかる事典。〔内容〕豆類総論／生産技術／機能性／加工利用／食文化・社会と文化。

見てわかる農学シリーズ3 作物学概論（第 2 版）

大門 弘幸 (編著)

B5 判／208 頁　978-4-254-40548-4 C3361　定価 4,180 円（本体 3,800 円＋税）

作物学の平易なテキストの改訂版。図や写真を多数カラーで収録し，コラムや用語解説も含め「見やすく」「わかりやすい」構成とした。〔内容〕総論（作物の起源／成長と生理／栽培管理と環境保全），各論（イネ／ムギ／雑穀／マメ／イモ）／他

ポリフェノールの科学 ―基礎化学から健康機能まで―

寺尾 純二・下位 香代子 (監修)／越阪部 奈緒美・榊原 啓之・中村 宜督・
三好 規之・室田 佳恵子 (編)

A5 判／228 頁　978-4-254-10303-8 C3043　定価 4,400 円（本体 4,000 円＋税）

自然界には数千種類のポリフェノールが存在し，近年その多様な健康効果が明らかにされつつある。本書ではポリフェノールの基礎科学から最新の知見まで網羅的に解説。基礎研究はもとより，商品開発や栄養指導などにも活用できる一冊。〔内容〕研究史／分類と構造／抗酸化性／疾患予防／抗ストレス／疫学／調理加工の影響／安全性／他

日本の伝統食品事典

日本伝統食品研究会 (編)

A5 判／648 頁　978-4-254-43099-8 C3577　定価 20,900 円（本体 19,000 円＋税）

わが国の長い歴史のなかで育まれてきた伝統的な食品について，その由来と産地，また製造原理や製法，製品の特徴などを，科学的視点から解説。〔内容〕総論／農産：穀類（うどん，そばなど），豆類（豆腐，納豆など），野菜類（漬物），茶類，酒類，調味料類（味噌，醤油，食酢など）／水産：乾製品（干物），塩蔵品（明太子，数の子など），調味加工品（つくだ煮），練り製品（かまぼこ，ちくわ），くん製品，水産発酵食品（水産漬物，塩辛など），節類（カツオ節など），海藻製品（寒天など）